土木工程再生利用技术丛书

土木工程再生利用工程设计

李慧民　李　勤　李文龙　闫　军　编著

科学出版社

北　京

内 容 简 介

本书全面系统地论述了土木工程再生利用工程设计的基本理论与方法。全书共分6章，其中第1章主要归纳总结了土木工程再生利用工程设计的基本内涵、理论基础和主要内容；第2～6章分别从土木工程再生利用模式设计、规划设计、单体设计、管网设计和环境设计五个方面阐述了工程设计的思路、原则、内容及方法等。

本书可作为高等院校土木工程、城乡规划等相关专业本科生的教学参考书，也可作为土木工程再生利用工程设计相关领域从业人员的培训用书。

图书在版编目（CIP）数据

土木工程再生利用工程设计 / 李慧民等编著. —北京：科学出版社，2022.6
土木工程再生利用技术丛书
ISBN 978-7-03-072374-1

Ⅰ. ①土… Ⅱ. ①李… Ⅲ. ①土木工程–废物综合利用
Ⅳ. ①X799.1

中国版本图书馆 CIP 数据核字（2022）第 091717 号

责任编辑：陈 琪 张丽花 / 责任校对：杨 赛
责任印制：张 伟 / 封面设计：迷底书装

科 学 出 版 社 出版
北京东黄城根北街 16 号
邮政编码：100717
http://www.sciencep.com

北京中石油彩色印刷有限责任公司 印刷
科学出版社发行 各地新华书店经销
*
2022 年 6 月第 一 版 开本：787×1092 1/16
2022 年 6 月第一次印刷 印张：10
字数：225 000
定价：80.00 元
（如有印装质量问题，我社负责调换）

《土木工程再生利用工程设计》
编写（调研）组

组　长：李慧民

副组长：李　勤　李文龙　闫　军

成　员：孟　海　胡　炘　陈　旭　武　乾　王　川
　　　　苑东亮　袁春燕　刘怡君　周　帆　邸　巍
　　　　崔　凯　龚建飞　钟兴举　尹思琪　田梦堃
　　　　孟　江　鄂天畅　代宗育　闫永强　武仲豪
　　　　王梦钰　陈尼京　张家伟　都　晗　尹志洲
　　　　田伟东　郁小茜　程　伟　刘钧宁　张梓瑜
　　　　刘效飞　王应生　丁　莎　杨战军　王顺礼
　　　　赵向东　刚家斌　周崇刚　盛金喜　陈亚斌
　　　　贾丽欣　田　卫　张　扬　裴兴旺　张广敏
　　　　高明哲　郭海东　王孙梦　郭　平　柴　庆
　　　　王　莉　陈　博　华　珊　万婷婷　王　琼

前　言

本书以土木工程再生利用为对象，在现行标准规范的基础上对工程设计方面的基本内容与方法进行深入剖析与探讨，旨在为我国土木工程再生利用工程设计提供基础理论和参考借鉴。全书共6章，其中第1章归纳了土木工程再生利用工程设计的基本内涵、理论基础和主要内容；第2章从模式影响因素、单体模式设计和区域模式设计三个方面阐述了土木工程再生利用模式设计的基本内涵和经典案例；第3章从功能结构设计、区域风貌控制、区域空间布置、道路交通设计四个方面阐述了土木工程再生利用规划设计的思路、原则、内容及方法；第4章从内部空间设计、外部空间设计、建筑结构设计和建筑节能设计四个方面阐述了土木工程再生利用单体设计的思路、原则、内容及方法；第5章从给水管网系统设计、排水管网系统设计、供电管网系统设计、供热管网系统设计、燃气管网系统设计五个方面阐述了土木工程再生利用管网设计的思路、原则、内容及方法；第6章从绿化工程设计、水体工程设计、景观工程设计、公共卫生工程设计四个方面阐述了土木工程再生利用环境设计的思路、原则、内容及方法。全书内容丰富，逻辑性强，由浅入深，便于操作，具有较强的实用性。

本书由李慧民、李勤、李文龙、闫军编著。其中各章分工为：第1章由李勤、刘怡君、李文龙、鄂天畅撰写；第2章由闫军、胡炘、崔凯、钟兴举、代宗育撰写；第3章由李勤、邸巍、王川、田梦堃、闫永强撰写；第4章由李文龙、周帆、李慧民、孟江撰写；第5章由闫军、李慧民、李文龙、李勤、武仲豪撰写；第6章由李勤、龚建飞、尹思琪、刘怡君撰写。

本书的编写得到北京建筑大学校级研究生教育教学质量提升项目——优质课程建设（批准号：J2021012）、北京建筑大学教材建设项目（批准号：C2117）、北京市教育科学"十三五"规划课题"共生理念在历史街区保护规划设计课程中的实践研究"（批准号：CDDB19167）、中国建设教育协会课题"文脉传承在'老城街区保护规划课程'中的实践研究"（批准号：2019061）以及北京市属高校基本科研业务费项目"基于城市触媒理论的旧工业区绿色再生策略与评定研究"（批准号：X20055）的支持。

此外，本书的编写还得到了北京建筑大学、西安建筑科技大学、中冶建筑研究总院有限公司、西安建筑科大工程技术有限公司、柞水金山水休闲养老有限责任公司、西安高新硬科技产业投资控股集团有限公司、西安建筑科技大学华清学院、中天西北建设投资集团有限公司、昆明八七一文化投资有限公司、中国核工业中原建设有限公司、西安市住房保障和房屋管理局、西安华清科教产业(集团)有限公司等的大力支持与帮助。同时在编写过程中还参考了许多专家和学者的有关研究成果及文献资料,在此一并向他们表示衷心的感谢!

由于作者水平有限,书中不足之处在所难免,敬请广大读者批评指正。

作 者

2022 年 2 月

目　录

第1章　土木工程再生利用设计基础

1.1　基　本　内　涵

1.1.1　相关概念

1. 土木工程

土木工程是建造各类工程设施的科学技术的统称。它既指所应用的材料、设备和所进行的勘测、设计、施工、保养、维修等技术活动，也指工程建设的对象，即建造在地上或地下、直接或间接为人类生活、生产、军事、科研服务的各种工程设施。

2. 再生利用

再利用是从古建筑保护中发展出的一种新的方式，它与传统的古建筑保护的概念既有差别又有联系。再利用是对既有土木工程的再次开发利用，它是在既有土木工程非全部拆除的前提下，全部或部分利用既有土木工程与历史文化内容的一种开发方式。再生利用属于再利用的范畴，指的是功能上有了崭新的赋予，使既有土木工程如获得新生般重新焕发生机。其核心思想是在符合社会、经济、文化整体发展目标的基础上为既有土木工程重新赋予生命。

3. 工程设计

工程设计是指对工程项目的建设提供有技术依据的设计文件和图纸的整个活动过程，是建设项目生命周期中的重要环节，是建设项目进行整体规划、实现具体实施意图的重要过程，是科学技术转化为生产力的纽带，是处理技术与经济关系的关键性环节。

因此，土木工程再生利用工程设计指的是对失去原有使用功能而被废弃或闲置的既有土木工程进行合理规划与设计，使其具备新的功能，满足新的使用要求。此处所指的既有土木工程不仅可指各种既有建筑物和构筑物，也可指既有住区、历史街区、旧工业区、村镇社区等。通过对既有土木工程进行合理的再生利用，使其能够满足城市社会发展的需要，并能达到环境友好、资源节约、经济优越的效果。

1.1.2　再生原则

为了更好地实现土木工程的再生利用，挖掘其剩余价值，实现变废为宝的循环利用，切实做到绿色再生、环保再生与可持续发展，必须符合相应的再生原则，将其纳入全面合理的轨道上，改变以往再生中的盲目性和随意性，以满足经济、环境、能源等多层次联动的要求。

1. 可持续发展原则

可持续发展理论诞生于早期关于增长极限理论的争论背景下。其实质是运用高新技术实现清洁生产、文明消费，对产业结构进行合理布局。可持续设计的引出将可持续发展理论转化为具体的实践方式，充分考虑了设计和其他环境资源的关系，是土木工程再生利用中有效且符合绿色再生要求的规划设计手段。上海乾通汽车配件厂再生利用为上海花园坊节能环保产业园，如图 1-1 所示。

(a) 外景(一)　　　　　　　　　　　　(b) 外景(二)

图 1-1　上海花园坊节能环保产业园

2. 适宜性保留原则

适宜性保留是土木工程再生利用工程设计中最基本的原则，主要包括既有土木工程实体的保留、功能空间的保留和文化历史的保留三种方式。采用合适的尺度，选择适当的规模，综合考虑再生利用项目所处的环境以及现在和未来的发展关系，以此进行保护和再生利用。陕西钢铁厂再生利用为西安建筑科技大学华清学院教学楼，如图 1-2(a) 所示；原厂区中保留下来的齿轮作为校园中的景观小品，如图 1-2(b) 所示。

3. 多元化发展原则

多元化发展原则主要体现为再生模式、再生风格以及再生功能的多元化，这种设

(a)教学楼 (b)景观小品(齿轮)

图 1-2 西安建筑科技大学华清学院

计趋势吸引了更多的设计者及开发商的参与，使他们能更好地利用这些具有价值的既有土木工程，并通过再生来创造更多的经济效益和社会效益。上海工部局宰牲场再生利用为上海 19 叁Ⅲ老场坊，如图 1-3 所示。

(a)整体外景 (b)局部外景

图 1-3 上海 19 叁Ⅲ老场坊

4. 生态性改造原则

生态性改造强调的是建筑材料、建造技术及设计手法的革命性变革，包括巧妙地利用自然材料、无污染材料等，采用高效节能环保的生态建造手段等。土木工程再生利用工程设计应以生态性改造为原则，使再生利用后的项目达到节能、低碳、环保的要求。粤中造船厂再生利用为中山岐江公园，如图 1-4 所示。

5. 历史性与现代性兼顾原则

历史性与现代性兼顾原则主要强调区域历史文化与现代先进技术的有机结合。在

(a)外景

(b)景点

图 1-4　中山岐江公园

创造和保留现代气息的同时，重视再生利用项目对传承历史文化的作用。无锡茂新面粉厂再生利用为无锡中国民族工商业博物馆，如图 1-5 所示。

(a)外景

(b)内景

图 1-5　无锡中国民族工商业博物馆

1.1.3　再生目标

　　土木工程再生利用工程设计作为城市更新的一个重要组成部分，其总的指导思想应是完善城市各类功能，达到调整城市结构、改善城市环境、促进城市文明与传承的目标。目标的制定与城市土地利用、城市土地开发模式、城市基础设施等多方面息息相关，见表 1-1。

表 1-1　土木工程再生利用目标

再生目标	具体内容
经济发展目标	高效利用土地、顺应经济需求或刺激经济活力、寻求城市复兴是再生利用的首要目标，其目的在于优化城市用地结构、促进城市产业发展、增加国民收益

再生目标	具体内容
环境可持续性目标	以环境保护、整治、改造和优化为中心，以取得经济发展与环境保护的同步、均衡发展，实现生态环境、建筑环境、交通环境等方面的改善
生活舒适目标	改善社会福利，配建公用设施，提升区域服务能力，丰富文化娱乐，更新通信设备，增加城市外部公共空间，扩大公园和绿地占比，使空间环境达到宁静、安全、卫生、舒适和方便的要求
社会发展目标	改良社会管理模式，维持与空间重新置换的关系，完善社会结构和社会网络，促进社会文化活动，维持社会公正与社会安宁
历史保护和文化发展目标	正确认识城市各类遗存的历史价值，把握好城市发展演进过程中必然存在的时空梯度，保护好各个历史时期留下来的特色和有代表性的环境、景观和建(构)筑物等

1.2　理　论　基　础

1.2.1　韧性城市理论

1. 基本内涵

旧城区在快速城镇化的冲击下，逐渐呈现出空间破碎、功能紊乱、业态滞后等问题。城市韧性是城市系统重要的自我修复机制，通过系统化地研究外部组织与内部重构逐渐实现区域的空间整合与功能重组。将韧性城市理论应用于土木工程再生利用，通过对区域内部资源的重组与优化以及对外部资源的拓展与整合，逐步实现在空间布局、用地调整、业态提升等方面的提档升级，进一步建立起区域历史文化、生产经营、生活环境、社会交往等方面的空间韧性，从而抵御外部冲击，实现自我修复。

韧性城市理论是指城市或城市系统能够化解和抵御外界的冲击，保持其主要特征和功能不受明显影响的能力。也就是说，当灾害发生的时候，韧性城市能承受冲击，快速应对并恢复，保持城市功能正常运行，并通过适应来更好地应对未来的灾害风险。土木工程再生利用所经历的使用—破坏—修复—使用的历史进程，与韧性城市利用—保存—释放—重组的演进过程不谋而合。

2. 韧性认知的发展转型

韧性的概念自提出以来，经历了两次较为彻底的概念修正。从最初的工程韧性（engineering resilience）到生态韧性（ecological resilience），再到演进韧性（evolutionary resilience），每一次修正和完善都丰富了韧性概念的外延和内涵，标志着学术界对韧性认知深度的逐步提升。

1) 工程韧性

工程韧性是最早提出的认知韧性的观点。韧性被视为一种恢复原状的能力。这种韧性来源于工程力学中韧性的基本思想，但在应用中已经不同于简单的工程项目的韧性，而是指系统整体所具有的工程韧性的特征。霍林最早把工程韧性的概念定义为在施加扰动之后，一个系统恢复到平衡或者稳定状态的能力。伯克斯和福尔克认为工程韧性强调在既定的平衡状态周围的稳定性，因而其可以通过系统对扰动的抵抗能力和系统恢复到平衡状态的速度来衡量。王吉祥和布莱克莫尔认为与这种韧性观点相适应的是系统较低的失败概率以及在失败状况下能够迅速恢复正常运行水准的能力。总而言之，工程韧性强调系统有且只有一个稳态，而且工程韧性的强弱取决于其受到扰动脱离稳定状态之后恢复到初始状态的迅捷程度。

2) 生态韧性

20 世纪 80 到 90 年代，工程韧性一直被认为是韧性的主流观点。然而，随着学术界对系统和环境特征及其作用机制认识的加深，传统的工程韧性论逐渐呈现出僵化单一的缺点。霍林修正了之前关于韧性的概念界定，认为韧性应当包含系统在改变自身的结构之前能够吸收的扰动量级。伯克斯和福尔克也认为系统可以存在多个而非之前提出的唯一的平衡状态，据此可以推论，扰动的存在可以促使系统从一个平衡状态向另外的平衡状态转化。这一认知的根本性转变使诸多学者意识到，韧性不仅可以使系统恢复到初始状态的平衡，而且可以促使系统形成新的平衡状态。由于这种观点是从生态系统的运行规律中得到的启发，因而称作生态韧性。廖桂贤认为生态韧性强调系统生存的能力，而不考虑其状态是否改变；而工程韧性强调保持稳定的能力，确保系统有尽可能小的波动和变化。

冈德森用杯球模型简洁地展示了两种韧性观点的本质区别，如图 1-6 所示。在该模型中，黑色的小球代表一个小型的系统，单箭头代表对系统施加的扰动，杯形曲面代表系统可以实现的状态，曲面底部代表相对平衡的状态阈值。在工程韧性的前提下，系统在时刻 t 因被施予了一个扰动而使得系统状态脱离相对平衡的范围。在可以预见的时刻 $t+r$，系统状态会重新回到相对的平衡。因此，工程韧性可以看作两个时刻的差值 r。由此可见，r 值越小，系统会越迅速地回归初始的平衡状态，工程韧性也越大。这一结果非常类似于学者对工程韧性的原始定义。在生态韧性的前提下，系统状态既有可能达成之前的平衡状态，也有可能在越过某个门槛之后达成全新的一个或者数个平衡状态。因此，生态韧性 R 可以视为系统即将跨越门槛前往另外一个平衡状态的瞬间能够吸收的最大的扰动量级。

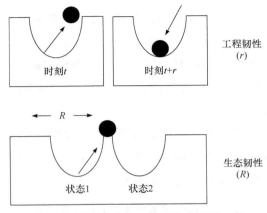

图 1-6　工程韧性与生态韧性的图示比较

3) 演进韧性

在生态韧性的基础上，随着对系统构成和变化机制认知的进一步加深，学者又提出了一种全新的韧性观点，即演进韧性。在这个框架下，沃克等提出韧性不应该仅仅被视为系统对初始状态的一种恢复，而是复杂的社会生态系统为回应压力和限制条件而激发的一种变化、适应和改变的能力。福尔克等也认为现阶段韧性的思想主要着眼于社会生态系统的三个不同方面，即持续性角度的韧性、适应性和转变性。

演进韧性观点的本质源于一种全新的系统认知理念，即冈德森和霍林提出的适应性循环理论。与之前系统结构的描述不同，他们认为系统的发展包含四个阶段，分别是利用阶段、保存阶段、释放阶段以及重组阶段，如图 1-7 所示。

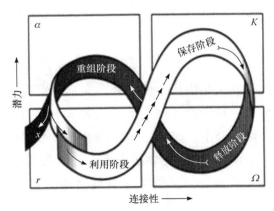

图 1-7　系统适应性循环理论的基本步骤图解

在利用阶段，系统不断吸收元素并且通过建立元素间的联系而获得增长，由于选择多样性和元素组织的相对灵活性，系统呈现较高的韧性量级；但随着元素组织的固定，其系统韧性逐渐被削减。在保存阶段，元素间的连接性进一步强化，使得系统逐渐成形，但其增长潜力转为下降，此时系统具有较低的韧性。在释放阶段，由于系统内的元素联系变得程式化，需要打破部分固有联系而取得新的发展，此时潜力逐渐增长，直到混沌性崩溃的出现，在这一阶段中系统韧性量级较低，却呈现增长趋势。在重组阶段，韧性强的系统通过创新获得重构的机会来支撑进一步发展，再次进入利用阶段，往复实现适应性循环；另一种可能性是，在重组阶段系统缺少必要的能力储备，从而脱离循环，导致系统的失败。

　　因此，工程韧性、生态韧性和演进韧性所代表的韧性观点体现了学术界对系统运行机制认知的飞跃，为进一步理解城市韧性做好了铺垫。表 1-2 从平衡状态、本质目标、理论支撑、系统特征和韧性定义方面总结了三种观点的区别。

表 1-2　韧性城市观点的比较

韧性视角	工程韧性	生态韧性	演进韧性
平衡状态	单一稳态	两个或多个稳态	抛弃了对平衡状态的追求
本质目标	恢复初始稳态	塑造新的稳态，强调缓冲能力	持续不断地适应，强调学习力和创新性
理论支撑	工程思维	生态学思维	系统论思维、适应性循环和跨尺度的动态交流效应
系统特征	有序的、线性的	复杂的、非线性的	混沌的
韧性定义	韧性是系统受到扰动偏离既定稳态后恢复到初始状态的速度	韧性是系统改变自身结构之前所能够吸收的扰动量级	韧性是与持续不断的调整能力紧密相关的一种动态的系统属性

1.2.2　可持续发展理论

1. 基本内涵

　　可持续发展理论是指既满足当代人的需要，又不对后代人满足其需要的能力构成危害的发展，以公平性、持续性、共同性为三大基本原则。可持续发展理论的最终目的是达到共同、协调、公平、高效、多维的发展。可持续发展揭示了发展、协调、持续的系统本质。从可持续发展的本质出发，其体系具有三个最为明显的特征。

　　(1)能够衡量一个国家或区域的发展度。发展度强调了生产力提高和社会进步的动力特征。

　　(2)能够衡量一个国家或区域的协调度。协调度强调了内在的效率和质量的概念，即强调合理地优化调控财富的来源、财富的积聚、财富的分配以及财富在满足全人类需求中的行为规范。

　　(3)能够衡量一个国家或区域的持续度。持续度即判断一个国家或区域在发展进程中的长期合理性。持续度更加注重从时间维上去把握发展度和协调度。

建立可持续发展的理论体系所表明的三大特征，即数量维(发展)、质量维(协调)、时间维(持续)，从根本上表征了对于发展的完满追求。

2. 发展历程

可持续发展的形成经历了"发展=经济"的传统发展、增长的极限、"零发展"的认识阶段，最终形成为人们普遍认可的可持续发展，如图 1-8 所示。

图 1-8　可持续发展经历的阶段

1980 年 3 月，由联合国环境规划署、国际自然和自然资源保护联合会、世界野生生物基金会共同组织发起，多国政府官员和科学家参与制定的《世界自然保护大纲》，初步提出了可持续发展的思想。1981 年，美国世界观察研究所所长布朗出版了《建设一个持续发展的社会》一书。同年，美国卡特政府发表了有关未来世界发展的题为《全球 2000 年研究：进入二十一世纪的世界》的报告。1983 年，由 20 位专家发表了《全球 2000 年修订报告》。所有这些，表明了人们不断对全球可持续发展所做的理论思考。1987 年世界环境与发展委员会在《我们共同的未来》一书中正式提出可持续发展的概念，即可持续发展是既满足当代人的需要，又不对后代人满足其需要的能力构成危害的发展。1989 年在联合国环境规划署第 15 届理事会上，通过了《关于可持续发展的声明》，其中指出可持续发展意味着维护、合理使用并且提高自然资源基础，在发展计划和政策中纳入对环境的关注和考虑。

1992 年 6 月，联合国环境与发展大会在巴西里约热内卢召开，会议通过了《里约环境与发展宣言》《21 世纪议程》和《关于森林问题的原则声明》等重要文件，并签署了联合国《气候变化框架公约》、联合国《生物多样性公约》，充分体现了当今人类社会可持续发展的新思想，反映了关于环境与发展领域合作的全球共识和最高级别的政治承诺。《21 世纪议程》要求各国制定和组织实施相应的可持续发展战略、计划和政策，迎接人类社会面临的共同挑战。《21 世纪议程》使得可持续发展思想走向实践。2002 年 8 月，联合国在南非约翰内斯堡举行了可持续发展世界首脑会议，这次会议的宗旨是促进世界各国在环境与发展上采取实际行动。这次会议通过了《执行计划》和《约翰内斯堡可持续发展承诺》两个文件，阐述了人类目前面临的挑战和为实现可持续发展应承担的义务，提出了社会、经济和环境的可持续性，进一步补充了可持续发展的概念。

1.2.3　城市双修理论

1. 基本内涵

城市双修是指通过生态修复、城市修补，实现城市发展模式和治理方式的转型，其核心是应对转型期城市发展的规划策略和方法，重点是保护生态系统和改善城市品质。其中，生态修复是指利用再生态的概念来修复城市受损的自然环境，提高生态环境的质量，在城市生态模式下，重视生态与城市的共生关系、保护与发展的协调关系、人与自然的和谐关系。城市修补是指更新和织补的概念，通过有机更新来改善城市功能和公共设施，修复城市空间环境和景观，塑造城市特色，增强城市活力。城市双修的内容结构如图1-9所示。

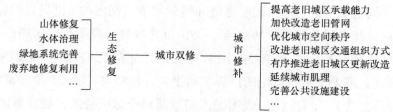

图1-9　城市双修的内容结构

2. 理论核心

城市双修是一种城市更新的方法，它是针对城市在快速发展过程中存在的问题和缺憾而提出的，是一种进化的城市更新手段。城市双修不仅注重物质环境的修补，也注重软环境的修补，在此过程中既要注重历史人文和自然生态的传承，也要注重城市功能的再造。

1）改善空间环境

大多数消极空间都处于未被利用状态，环境萧条、功能缺失，不能满足市民使用的基本需求，这是闲置的消极空间被抛弃的最主要原因。消极空间的修补需要从使用者的角度出发，结合空间现状、使用者要求及其之间的互动，从物质层面及精神层面进行分析，找出解决相应问题的手段。通过环境的整治、设施的完善、空间要素和功能的提升等，改善消极空间的现状，改善空间环境，让人们在城市中生活得更方便、更舒心、更美好。

2）完善城市功能

把对城市空间和环境的修补与完善城市功能相结合，针对区域消极空间的实际情况，分级分类增加公共服务设施供给，定位区域功能业态，调整优化消极空间的产业、人口和空间结构，优化其资源配置，使其在城市中良性运作，让城市的体态丰盈起来；

优化慢行交通，进而优化城市交通系统，让城市的血脉通畅起来；完善基础设施，以功能完善提升城市的整体服务水平。

3）传承历史文脉

消极空间修补的过程也是历史文脉传承的过程。消极空间的历史文化会在衰败的过程中慢慢丧失和断裂，在对空间修补的过程中梳理其文化元素及其原有的特色资源，并对其重新运用，形成特色空间节点；同时织补整体的文化脉络，有助于提升整体空间及城市的风貌特色。

4）注重社会治理

传统的城市管理由政府主导，用行政命令的方式来维护城市的运营，具有单向性和强制性；而治理则由政府、社会、市场等多元主体共同参与，相互协调和沟通，通过协作来共同管理城市公共事务，体现出开发性与互动性。不同参与者发挥着不同作用，政府部门的角色应该更偏向于宏观调控和倡导者，协调各方共同参与其中；城市设计师是在城市规划设计过程中比较专业的人员，需要面临各方的需求，还要平衡各方的利益；社会公众是由不同的价值群体组成的，通过践行公众参与，能够有针对性地制定城市修补的行动计划。让各方力量共同参与到修补工作中，有利于实现社会治理，实现修补工作的共创、共建与共享。

3. 主要原则

城市双修是对城市从宏观到微观多层次、多方面的更新和修补，在内容上仍然以生态修复和城市修补为核心。在生态修复方面，既对山体、水体和绿化进行宏观修复，也对城市破碎的生态网络进行修复与更新，如图 1-10 所示。在城市修补方面，不局限于对城市空间形象的修补，还包括对城市多层次、多方面、多网络的修补。因此，城市双修理念是要将城市看作一个由不同网络叠加而成的整体，通过更新和织补的理念

(a)惠州红花湖风光　　　　　　　　　　　　　　　(b)秦岭风光

图 1-10　城市生态修复

从局部到整体、由点到面地对其症结进行梳理，并提出修补与处理的策略。

城市双修实践的总体原则可以围绕六个维度展开，见表 1-3。

表 1-3　城市双修的总体原则

原则	内容
重整自然生境	城市空间的扩张和对经济增长的过度追求，往往以严重破坏自然环境为代价。生态修复旨在重建城市与自然之间的平衡，使人与自然重新达成和谐的关系
重振经济活力	城市发展转型意味着要寻求经济成长的根本动力，即制度变革、结构优化和要素升级。城市修补、生态修复虽着力于建成环境的改善，但意在推动城市治理变革、空间结构转型和城市创新发展
重理社会良治	完善城市治理是重要的社会过程。在推进新型城镇化的过程中，不断提高市民素质，改善群众的生活质量，不分城乡，不分地域，不分群体，为每一个成员创造平等参与、平等发展的机会
重铸文化认同	打造自己的城市精神，对外树立形象，对内凝聚人心，是城市双修希望带来的文化成果。在全球化和现代化的背景条件下，重新铸就城市的文化认同、增强文化自信自尊是无法回避的历史使命
重塑生活场所	重塑公共空间场所，让公共空间重新与城市居民的生活紧密结合起来，改善城市的宜居性
重建优质设施	完善的城市功能意味着优质的公共服务设施和基础设施。通过城市双修提高城市发展的质量，根本在于以宜居为目标，规划和建设高品质的公共服务系统和基础设施系统，为城市长久持续发展奠定牢固基础

1.2.4　生态建筑理论

1. 基本内涵

生态学和建筑学两词英文合并成为 Arcology，即生态建筑学。生态建筑的理论基础来源于生态学。生态建筑指用生态学原理和方法，以人、建筑、自然和社会协调发展为目标，有节制地利用和改造自然，寻求最适合人类生存和发展的建筑。生态建筑规划设计需要遵循以下原则。

1) 整体设计原则

不能将生态建筑看作一个简单的建筑单体去做设计，而应当在满足业主要求、建筑本身的目的性的前提下，将其所在区域纳入其所在的自然环境、社会环境、经济环境中。尊重传统文化和地域文化特点，自觉促进技术与人文的有机结合，将各种因素统一考虑、权衡比较，从中选择最优的解答，建立不破坏区域环境、技术运用适当、人性化的居住社区和城市环境。

2) 高效无污染原则

一是指降低建筑对物质与能量的消耗，提高能源利用效率，运用新材料、新结构、智能建筑体系,降低建筑消耗的能量。通过合理进行建筑设计,减少不可再生资源的损耗和浪费,提倡能源的重复循环使用。二是指建筑材料的无害化、建筑材料利用的高效,即材料的循环使用与重复使用。三是指舒适、健康的室内环境。

3) 灵活多适原则

采用适应变化的设计策略,避免建筑过早废弃,使其能够得到再次利用或多次利用,节省建造新建筑所需的重复建设费用。生态建筑将人类社会与自然界之间的平衡互动作为发展的基点,将人作为自然的一员来重新认识和界定自己及其人为环境在世界中的位置。

2. 生态建筑规划设计

生态建筑规划设计就是要把具体建筑看成城市建筑大系统的一部分,与城市建筑大系统相联系,使建筑内部难以消化的废物成为其他元素的资源。

1) 尊重地形、地貌

建筑的规划设计和建造中,常会遇到复杂地形、地貌的处理。生态建筑的设计提倡在深入研究地形、地貌的基础上,充分尊重原场地的地形地貌特征,设计出的建筑物对原场地的影响降至最小。

2) 保护现状植被

城市与建筑物的建设中,绿化植物都被当作点缀物,原生或次生地方植被破坏后恢复起来很困难,需要消耗更多资源和人工维护。因此,保护原有植被比新植绿化意义更大。尤其古木名树是生态系统的重要组成部分,应尽可能将它们组织到建筑所在区域的生态环境建设中。

3) 结合水文特征

溪流、河道、湖泊等环境因素都具有良好的生态意义和景观价值。建筑环境设计应很好地结合水文特征,尽量减少对环境原有自然排水的干扰,努力达到节约用水、控制径流、补充地下水、促进水循环、创造良好的小气候环境的目的。

4) 保护土壤资源

建筑环境建设中的挖填土方、整平、铺装、建筑和径流侵蚀都会破坏或改变宝贵的表层土,在此之前应将填挖区和建筑铺装的表层土剥离、储存,在建筑建成后再清除建筑垃圾,回填优质表层土,以利于地段生态环境的保护。

1.2.5 生态安全理论

1. 基本内涵

随着城市规模的不断扩大,城市对自然环境的影响也越来越大,自然对城市的反作用力也越来越大。近年来，城市化引发的城市生态安全问题逐渐引起人们的关注。城市生态安全问题的内容主要包括气候变暖、土地荒漠化、海平面升高、生物多样性锐减、雾霾、水污染等，如图 1-11 所示。为应对城市生态安全问题，针对城市生态系统功能、城市生态安全范畴和城市生态风险评定等方面的研究日益深入，国内外学者从城市生态系统发展过程、城市生态服务功能的维持、城市生态系统价值的提高、城市生态安全指标体系的构建、城市生态安全评定方法，以及城市生态风险评定的内容、方法和步骤等方面开展了研究，取得了丰硕的研究成果。

(a)示例一   (b)示例二

(c)示例三   (d)示例四

图 1-11　生态安全问题

生态安全是可持续发展的先决条件，因为只有在安全的基础上才能更好地追求生态和谐、环境宜人和可持续发展。城市生态安全的概念同样也是生态城市建设及城市可持续发展的重要基础。保证城市的生态安全是城市生态事业的第一步，也是解决城市生态环境相关问题的基础和支撑。

1)广义生态安全

广义生态安全是指人的生活、健康、安乐、基本权利、生活保障来源、必要资源、社会秩序和人类适应环境变化的能力等方面不受威胁的状态。广义生态安全主要包含两方面：一是环境、生态保护上的含义，即防止由于生态环境的退化而对经济发展的环境基础构成威胁，主要指环境质量状况低劣和自然资源的减少与退化削弱了经济可持续发展的环境支撑能力；二是外交、军事上的范畴，即防止由于环境破坏和自然资源短缺而引起经济的衰退，影响人们的生活条件，特别是环境难民的大量产生，从而导致国家的动荡。

2) 狭义生态安全

狭义生态安全是指自然和半自然生态系统的安全，即生态系统完整性和健康的整体水平反映。健康系统是稳定的和可持续的，在时间上能够维持它的组织结构和自治，以及保持对胁迫的恢复力。若将生态安全与保障程度相联系，生态安全可以理解为人类在生产、生活和健康等方面不受生态破坏与环境污染等影响的保障程度，包括饮用水与食物安全、空气质量与绿色环境等基本要素。

2. 理论核心

20 世纪 80 年代初，从环境科学的角度对城市生态安全问题进行研究的国内学者相对较多，通过环境学、地理学、生态学中的技术措施应对城市生态安全问题；20 世纪 90 年代中后期，随着可持续发展理论的兴起，国内学者先后从经济、社会、环境、生态和地理学的角度对城市可持续发展进行研究，城市生态安全的研究呈现多元化发展的趋势；21 世纪初，国内学者从多学科角度探索城市生态、城市人居环境等要素之间的相互关系，注重探讨城市化引起的城市生态危机、城市社会经济与环境协调发展的评定、模拟调控以及城市生态环境可持续发展问题。具体来看，国内相关研究可分为以下三个阶段。

1) 从环境科学的角度研究城市生态安全问题

城市生态安全问题研究以保护生态资源与环境为目标。首先是环境学家对生态安全问题的研究。环境学家注重对环境变化的内在机理进行分析，以求实现生态环境的良性发展。例如，城市化引发的城市热岛、混浊岛、雨岛及局地环流等气候效应。其次是地理学家对生态安全问题的研究。地理学家以区域差异对于生态环境的不同作用作为研究起点，探寻正确处理人与自然关系的方法，以求实现不同地域间生态环境的健康发展。最后是生态学家对生态安全问题的研究，生态学家注重分析生态系统中内在要素的关联性，通过诸要素的相关作用与叠加，实现城市生态系统的动态平衡。

2) 从经济、社会与生态环境协调发展的角度研究城市生态安全问题

研究学科主要包括经济学、社会学、城市规划和生态科学，研究重点是评定不同城市间社会、经济与生态环境协调发展的程度以及规划的合理程度。城市生态系统内

各要素彼此联系、相互依存、相互转化，逐渐形成一个综合平衡的有机整体。从自然系统到城市复合生态系统的转变，为生态安全治理的研究提供了契机；把以生物-环境为主体的生态关系置于以人类-环境关系为主体的研究中，使得生态学与人类社会的生产活动的关系更为紧密，对解决城市化过程中所带来的各种生态安全问题具有重要的理论与现实意义。

3）以可持续发展理论为基础研究城市生态安全问题

首先，20世纪80年代，可持续发展理论兴起，先后从经济学、环境学、生态学、管理学及地理学的角度对城市生态可持续发展问题进行了不同层次的研究。

其次，20世纪90年代，生态安全的研究以构建生态城市和健康城市为目标。1998年8月，中国科学技术协会举办了以"城市可持续发展的生态设计理论与方法"为主题的学术会议，将生态城市、健康城市、安全城市和卫生城市等概念引入城市发展体系中，契合了城市生态可持续发展的价值取向。城市复合生态系统下的社会子系统、经济子系统、环境子系统共存共生、共促共进，在矛盾运动中共同推进城市复合生态系统的协调发展，最终实现社会生态化、经济生态化和环境生态化。

最后，20世纪末期，城市生态安全研究进入综合、多元化发展阶段，研究集中于城市生态系统中的人口、经济、资源与城市生态环境的交互作用。2002年发表的《深圳宣言》对城市化、生态城市建设与可持续城市等问题进行了一系列总结，指出"生态安全：向所有居民提供洁净的空气、安全可靠的水、食物、住房和就业机会，以及市政服务设施和减灾防灾措施的保障。"2016年在中国深圳举办以"森林城市与人居环境"为主题的首届国际森林城市大会，突出了森林城市建设在生态文明建设以及实现2015年通过的联合国2030年可持续发展议程中"建设包容、安全、有抵御灾害能力和可持续的城市和人类住区"战略目标中的积极作用。

1.2.6　宜居城市理论

1. 基本内涵

宜居城市的概念是随着人类生产力的发展而逐步提出来的。第二次世界大战以后，Smith出版了《宜居与城市规划》一书，提出了宜居的概念。Hahlweg认为在宜居城市中，能健康地生活，能方便地出行。Salzao认为，宜居城市还应该符合生态可持续发展的要求。Lennard则提出了如下宜居城市建设的基本原则：在宜居城市中，人们可以彼此自由地交流。Palej认为，宜居城市就是一个充满友爱的地方。Casellati认为，宜居城市的本质有生活和生态可持续两个方面。

从20世纪90年代开始，宜居城市这一理念在我国逐步受到关注和重视。专家学者进行了许多富有建设性的解读。中国著名的建筑学与城市规划专家吴良镛院士将系统论融合进了人居环境建设理论，国内的宜居城市理论开始得到发展；任致远从生活方便舒适与和谐人文环境方面定义了宜居城市；俞孔坚从自然生态环境与人文环境方面提出了宜居城市建设理念，宜居城市需要具备良好的自然生态环境和人文环境；李丽萍、郭宝华等定义的宜居城市是指经济、社会、文化、环境等方面得到协调发展、可持续发展的城市，人们可以充分享受人居环境的舒适和美好；颜毅认为宜居城市的定义包括两个方面，一方面是宜居城市应该具有强大、可持续发展的经济层后盾，另一方面是城市公共基础设施、优质服务的普及。

2. 理论核心

可持续性的概念要考虑居民贡献，而不仅仅是从个人得失方面的角度，如安全、舒适、便利、健康等去衡量。1996 年，联合国第二次人类居住大会提出"城市应当是适宜居住的人类居住地"的概念。宜居城市应能够满足所有居民对于生活健康性、交通便捷性、环境安全性、绿地公平性的需求，并且宜居城市应是一个全民共享的城市。宜居城市不仅关乎过去的建设，还与将来的发展有关，并且可以充分地利用所有自然资源与物质条件，以提高城市的健康可持续性。由此来看，宜居城市也同可持续城市有着密不可分的关系。宜居城市含有以下四个层面的含义：其一，居民享有广泛的生活机会；其二，居民享有具有一定价值的工作和机遇；其三，居民享有安全而洁净的环境；其四，居民享有良好的城市管治。

宜居城市是宜居的人居环境，宜居的人居环境的概念由道萨迪亚斯（C. A. Doxiadis）在著作《人类聚居学》中最早论述。他认为人居环境是形式功能单一简单的遮挡体、规模大和人口密集的城市等在地球上各种供人类生活直接使用的、客观存在的物质环境。吴良镛在道萨迪亚斯创建的人类聚居学的影响下，在 20 世纪 90 年代首先阐述了人居环境科学的概念。他指出，人居环境既包括广义的内涵，又具有狭义的含义。广义上意味着与人类各种活动紧密联系的空间，狭义上意味着与人类生存活动紧密联系的空间。联合国教科文组织发起的"人与生物圈计划"于 1972 年最早正式提出了生态城市的概念。宜居城市的建设不仅要求人与自然友好相处，也要求经济、文化等统筹协调。

1) 需要经济繁荣

经济水平不仅是一个国家发展的基础，也是一座城市发展的根基。在城市中，只有具备高水平的经济能力，才能有充足的资金用来完善基础设施、增加安全应急储备、治理与预防环境污染等，才能将城市建设得更加美丽、更加生态，生活也才能更加舒适、更好地满足人们的各种层次需求。

2)需要社会和谐

和谐社会要求一切存在的东西之间都相处融洽，既有民主又有法治，诚信互助，活力向上，安定有序。平稳的政治局面、和睦的层级关系、完善的治安条件才能让居民生活得更舒适，才能更好地满足人们的物质生活需求和精神层面的追求。同时，完善的保障服务制度能够维持城市的长远发展。

3)需要文化积淀

城市所具有的文化彰显着这座城市的历史与发展轨迹，不仅是长久的历史古迹的遗存，更是这座城市中人们的情怀寄托。因此，城市文化不仅表现在物质上，还表现在思想上；不仅具有传统的历史文化，也有现代的文化设施与风采。传统文化熏陶了人们的文化情操和品德，彰显着人们对城市的归属感。而现代文化则体现在博物馆、展览馆等大型公益建筑中，同时也有现代歌曲、舞蹈等无形文化存在。只有将现代文化与传统文化合为一体，共同建设与发展，才能彰显一座城市独特的地域文化氛围。

4)需要生态环境良好

生态环境主要是指自然生态环境和人文生态环境。在城市宜居的建设过程中，不仅要重视自然生态环境的保护与改善，也要注重人文生态环境的建设合理性与惠民性。将两者统筹起来，实现有机统一、互相协调。

1.3　主　要　内　容

1.3.1　再生机理

无论对于城市的历史脉络而言，还是对于城市的未来发展而言，既有土木工程都是一种特殊而珍贵的文化遗产。土木工程再生利用应该从宏观层面入手，对项目空间格局进行探索，进而分层对项目整体进行传承和保护。不仅要对既有土木工程的整体空间格局和建筑实体进行关注和再生，还应对其空间功能、生态环境和人文脉络进行再生利用。

1)整体空间格局的再生

既有土木工程在历史的不断发展之中形成了具有时代特征和本土特色的空间脉络格局，同时又反映了一定时期的城市规划思想和规格制度，是一座城市能够在宏观层面上给人留下的最深刻的印象。因此，对土木工程项目进行再生利用时，应从项目整体入手进行整体性的再生设计。

2)建筑实体的再生

建筑作为人们生活和工作的重要物质载体，是一座城市的最小组成单元，更是土木工程中至关重要的组成部分，它历经数载遗留下来的传统实体文化积淀，记录了一座城市的发展变化。不同的建筑形式是不同地域最明显的建筑艺术差异,从细节上反映了一座城市的脉络肌理和文化特质,建筑单体的立面样式、建筑形制、装饰装修等都代表了当地的传统建筑风貌,具有非常重要的历史文化价值。同时,由单个建筑通过不同组合所形成的建筑院落形制和建筑群体,也是一座城市空间格局的重要组成部分。因此在进行再生设计时,更应关注历史遗留下来的实体文化,寻找历史中建筑单体和群体的形制及脉络,使这些具有时代意义的建筑实体能够更好地保存下来。

3)空间功能的再生

土木工程在历史上形成时,必然是与周围环境乃至整个国家的发展息息相关的,是为满足某些具体的需要而形成的,因为其独特的空间功能而促进了发展。而随着城市的发展和时代的变迁,历史发展遗留下来的既有土木工程在空间功能的发展上逐渐出现了诸多与现代城市不相适应的矛盾,无论在居民生活、商业发展、设施更新上,还是在城市内部发展上,既有土木工程项目显得与现代城市格格不入。因此,对于土木工程再生利用项目,应综合考虑其在城市中的地位和发展需求,对项目空间功能进行合理规划,并充分考虑实际需求和现代城市发展需要,使其逐渐融入现代城市之中,同时又具有自身独特的文化内涵。

4)生态环境的再生

在快速城市化发展的今天,既有土木工程可看作城市中一个独立的生态系统,通过自身的发展而达到平衡。生态环境是人们赖以生存的基础,具有独特的地域性及功能性,与人们的生活生产息息相关。在资源被大量消耗的今天,人们越来越关注生态环境的状况,提倡生态优先和可持续发展,以保证生态系统能够正常运行,而使身边的生态环境能够保持良好的状态。因此,土木工程再生利用应注重绿色技术手段的运用,通过合理的规划实现对生态环境的再生。

5)人文脉络的再生

在对土木工程进行再生利用的工作中,不仅要对整体空间格局、建筑实体、空间功能和生态环境进行再生,还要对人文环境和历史文脉进行再生。对既有土木工程进行整体保护与再生利用的目的就是保留住城市中的历史遗存和人文脉络,让既有土木工程中蕴含的历史民风民俗和非物质文化遗产能够得到传承,使人们生活在浓浓的城市历史风情中,感受鲜活的城市地域特色和独特的民俗文化。因此,对于土木工程的再生利用,不仅是对城市实体遗存的再生与规划,更重要的是对城市中历史文化元素的保护和对历史脉络的传承。

1.3.2　工作流程

土木工程再生利用工程设计的主要内容包括再生利用模式设计、再生利用规划设计、再生利用单体设计、再生利用管网设计和再生利用环境设计等。通过对新建项目工程设计工作流程的分析和归纳，整理出土木工程再生利用工程设计的工作流程，如图 1-12 所示。

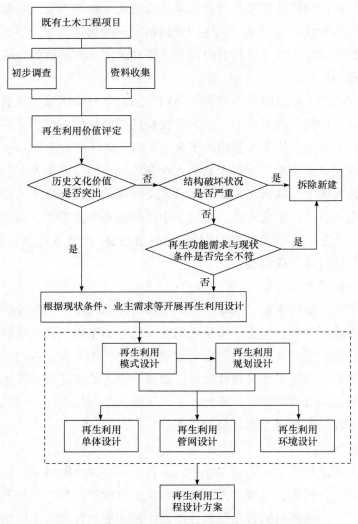

图 1-12　土木工程再生利用工程设计的工作流程

1）再生利用模式设计

土木工程再生利用模式设计应遵循经济、社会、环境综合效益最大化的原则，对影响再生利用的特征因素进行全面分析，以选择合适的再生利用模式。

2）再生利用规划设计

土木工程再生利用规划设计是通过对建（构）筑物及其周边区域的整体宏观规划，规范区域内的原有风貌和留存要素，保护地域文化，挖掘经济潜力，保护生态平衡，推动区域生态、经济、文化的可持续发展。

3）再生利用单体设计

土木工程再生利用单体设计是指对失去原有使用功能且闲置的既有工程单体及其附属设施进行再生设计，使其具备新的功能，满足新的使用要求，同时，在功能转换的基础上，起到节约成本和资源、传承历史文化等作用。

4）再生利用管网设计

土木工程再生利用管网设计是指以各类管网为考虑对象，以实现和保证设计功能为前提，以技术性要求和国家现行工程质量规范为依据，科学规划、统筹安排、合理布置各类管网的位置及其与道路、建（构）筑物的位置和竖向高程。

5）再生利用环境设计

土木工程再生利用环境设计是指对建筑及区域的空间环境进行再生设计，以生态保护、环境优化、节能减排为核心，在环境设计中最大限度地发挥其生态效益，提高环境整体舒适度。

思　考　题

1-1　土木工程再生利用工程设计的基本概念是什么？

1-2　土木工程再生利用的基本原则有哪些？

1-3　简述土木工程再生利用的目标。

1-4　简述韧性城市理论的基本内涵。

1-5　简述可持续发展理论的基本内涵。

1-6　城市双修理论的核心是什么？

1-7　什么是生态建筑？生态建筑设计的原则有哪些？

1-8　生态安全理论的基本内涵是什么？

1-9　宜居城市的理论核心是什么？

1-10　土木工程再生机理的主要内容是什么？

参考答案-1

第2章 土木工程再生利用模式设计

2.1 模式影响因素

土木工程再生利用的模式多种多样，再生利用模式及模式选择受结构形式、加固技术、区域文化、生态环境等不同层面因素的影响。

2.1.1 结构形式

土木工程类别较多，可按照承重类型、结构形态、空间划分等进行分类，如图 2-1 所示。

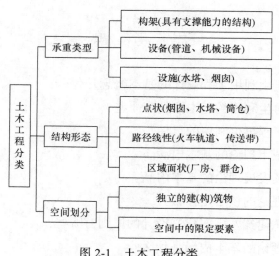

图 2-1 土木工程分类

1）承重类型

土木工程按照承重类型可分为构架型、设备型和设施型。构架型指的是具有支撑能力的结构，它的突出特点是结构比较坚固，如厂房、仓库、商场等，空间可以进行分隔，可塑性很强。设备型包括管道、机械设备等，一般形状比较奇特，工业气息浓厚。设施型包含水塔、烟囱、堤坝等，造型特殊，立面形式较为丰富。

2）结构形态

土木工程根据平面形态可分为点状类、路径线性类、区域面状类。点状类有烟囱、水塔、筒仓、蒸汽机等。路径线性类有火车轨道、传送带、传输管道等。区域面状类有厂房、群仓、住宅楼、商场等。

3) 空间划分

土木工程按照空间划分可分为独立的建(构)筑物和空间中的限定要素。第一种是指用于生产、生活等的建(构)筑物。第二种指的是空间配置，就是特定的空间序列或交通组织中特殊的实体节点，如楼梯、操作平台、地下空间等。

2.1.2　加固技术

对土木工程进行再生利用时，需要进行不同程度的改造工作。由于其再生功能需求不同，因此改造方向也会差异较大。此外，由于改造施工复杂、承载力改变等，也需要对既有结构构件等进行加固。图 2-2、图 2-3 分别为碳纤维布加固法和外包钢加固法。

图 2-2　碳纤维布加固法　　　　　　　　图 2-3　外包钢加固法

目前加固的结构类型有很多，包括混凝土结构加固、砌体结构加固和钢结构加固等。不同结构类型和不同的再生需求会有不同的加固需求，其加固方法也不尽相同。

1) 混凝土结构加固

混凝土结构加固技术主要分为直接加固技术与间接加固技术两类，其中直接加固技术是直接针对结构构件或节点，通过提高承载力进行加固，如增大截面法、置换混凝土法、外包钢法、外黏钢法、黏结纤维复合材料法等；间接加固技术是针对结构整体，通过减小或改变构件内力进行加固，如外加预应力法或增设支点法等。除此之外，还包括与加固相配合使用的技术，如植筋技术、锚栓技术、裂缝修补技术、托换技术、化学灌浆技术等。

2) 砌体结构加固

砌体结构加固技术主要分为构件加固技术与整体性加固技术两类，其中构件加固技术通过提高结构构件或节点的承载力实现加固，如钢筋网水泥砂浆面层加固法、增大截面法、注浆或注结构胶法；整体性加固技术则用于当建筑整体性不满足要求时，可采取增设抗震墙或外加圈梁、混凝土柱等方法，如增设结构扶壁柱法等。

3）钢结构加固

钢结构加固技术根据加固的对象可分为钢柱的加固、钢梁的加固、钢屋架或托架的加固、吊车梁的加固、连接和节点的加固、裂缝的修复和加固等。根据损害范围可分为两大类：一是局部加固，一般只对某些承载能力不足的杆件或连接节点进行加固；二是全面加固，是对整体结构进行加固。总体来说，钢结构加固常用的加固技术包括改变结构计算简图加固技术、增大构件截面加固技术、加强连接加固技术及裂纹的修复与加固技术等。

2.1.3 区域文化

没有历史的城市是没有吸引力的。作为历史的最好承载者和见证者，这些曾经驻足城市的建（构）筑物和各类工程设施，既代表了一座城市的发展历程，也是人们印象中的重要内容。它们曾经在城市的特定阶段发挥了重要作用，是社会记忆中浓重的一笔。

首先，这些建（构）筑物和各类工程设施记载着城市的发展历史，其环境和场所文化能够唤起人们的回忆和憧憬，人们因他们自身所处场所的共同经历而产生认同感和归属感。

其次，这些建（构）筑物和各类工程设施在空间尺度、功能布局、建筑风格、材料色彩、构造技术等方面记载了社会历史的发展演变以及社会的文化价值取向，反映了时代政治、经济、文化及科学技术的情况。

1）历史发展角度的文化传承分析

在城市发展过程中，建筑占据了不可或缺的历史地位，是城市的重要组成部分。其中有些是现代主义建筑的典范，有些则是代表了当时新建筑技术的应用。它们多以城市中的河道、铁路、道路作为纽带相互关联，在城市中形成一种独特的景观。

从延续城市文脉、记录城市历史、折射城市发展轨迹角度而言，再生利用模式的选择是对原有使用功能进行重构和转换，是基于既有土木工程的结构特征和文化品质所进行的二次设计和建设。

我国建筑遗产拥有丰富的空间形态类型，各个历史时期的建筑及空间特色也具有显著的多样性、重要的遗产价值和文化意义，如南京金陵制造局、苏州河沿岸历史建筑等，如图 2-4 所示。

2）产业技术角度的文化传承分析

在各类工程遗产挖掘和保护的案例中，大多数都反映了技术内在价值和外在价值

(a) 南京金陵制造局　　　　　　　　　　　　(b) 苏州河沿岸历史建筑

图 2-4　产业类历史建筑

的成功结合。风格、布局、材料用法、结构或特殊构造做法等可以体现出建造技术在当时所具有的开创性和独特性，具有较高的研究价值。既有土木工程因其区位优势和未尽的物质寿命，见证了城市的发展和历史，土木工程再生利用是实现其巨大价值并发挥其积极作用的较好的归宿之一。

2.1.4　生态环境

总体说来，在既有土木工程所处的整体环境中进行规划设计时，其关键影响要素包括既有土木工程本体、周边整体环境中的物质要素与非物质要素。

1) 既有土木工程本体

既有土木工程本体是在整体环境当中占据绝对主导和控制地位的，它们对于周边环境有重要的视觉和主客观影响，是环境改造和重塑设计中原型要素的源泉，也是对环境空间未来的变化起着限制作用的主要因素。

2) 周边整体环境

周边整体环境的物质要素与非物质要素，是在既有土木工程周边整体环境的保护与规划设计中，规划师和建筑师等专业人员可以着重进行再生利用和设计的对象。

(1) 物质要素主要包括自然环境要素、人工环境要素两类。其中自然环境要素有气候条件、地形条件、生态保护要素等。人工环境要素包含建(构)筑物要素、街道环境要素、公共开放空间要素，以及城市基础设施、街道小品要素四类，它们是在现代塑造周边环境的整体空间历史文化氛围时最为直接的物质构成要素，也是可以直接被人们视觉所感知的。其中，建(构)筑物要素主要包含它们的规模、布局、形态、尺度、体量、色彩方面的造型、风格、屋顶、装饰、材质等；街道环境要素主要体现为道路性质、级别、宽度、沿街建筑高度、绿化景观、建筑与街道的高宽比等；公共开放空间要素是指广场、公园、绿地的选址、规模、空间尺度以及景观等；城市基础设施、街道小品要素主要包括各种城市市政设施系统和城市标识系统的灯具、标牌等内容。

（2）非物质要素主要是指历史事件和历史记载、传统技艺以及社会环境要素等内容，这些要素并非以物质实体的形式存在，它们的表达也需要通过人工环境要素作为物质空间载体反映出来，也就是说要把精神层面的内容经过合理的解读转化为物质形式反映出来。例如，将历史事件、历史记载、传统技艺等，通过人工环境中的建（构）筑物、景观小品等形式反映出来，使其成为能够被人们所感知的物质实体的内容。

因此在模式选择时，应当对环境当中的各种物质要素与非物质要素进行全面综合的分析研究，并使其最终体现在物质实体的建（构）筑物、街道环境、公共开放空间、景观小品等方面，通过实体的空间环境物质构成要素反映文化遗产所包含的历史文化内涵和地域文化内涵，从而营造出历史文化与周边环境的和谐统一，并置身于具有深厚历史文化底蕴的整体空间环境中。

2.2　单体模式设计

2.2.1　商业类场所

1. 基本内涵

商业类场所是以商业、休闲、金融、保险、服务、信息等为主要业态的公共场所；经过适度改造和空间划分后，可适应多种商业空间，历史底蕴和时尚美感使其更具商业特色。

商业类场所再生利用模式设计时主要考虑两方面因素：①考虑项目区位、市场需求、周边商业密集度及购买力等因素，并保障客流量；②应合理组织项目与城市交通的联系，商业类场所出入口位置根据交通影响评价确定。

2. 案例介绍

1）哈尔滨红博·西城红场

红博·西城红场是在哈尔滨机联机械厂的搬迁旧址上规划建设的，如图 2-5 所示。这里是再生利用项目的典范，更是"蚂蚁啃骨头"精神的诞生地。红博·西城红场对 4 幢包豪斯风格的老厂房进行了再生利用，既保留了珍贵的历史痕迹，又焕发了老厂房新的生机与活力，成为一个集商业、娱乐、公园、文化、餐饮、办公、文化产业园于一体的综合型商业活动中心。目前红博·西城红场以艺术文化为引领，以创新商业为平台，以时尚产业为延伸，以老厂房特色建筑为载体，以高铁人流物流为支撑，放大了哈尔滨商圈半径，成为东北亚新锐时尚策源地和当代艺术文化高地。

(a)场景一

(b)场景二

图 2-5　哈尔滨红博·西城红场

2）西安大悦城

西安大悦城的前身是曲江秦汉唐国际文化商业广场（又名秦汉唐天幕广场），位于著名景点大雁塔旁，是一个非常具有代表性的商业综合体再生利用项目，如图 2-6 所示。面对许多历史遗留问题，历时 515 天，运用前沿科学技术和新型材料，经历了装饰性拆除、结构改造及加建、外立面改造、采光顶加盖、外立面幕墙新建、机电改造、室内精装等过程，最终呈现给世人一个兼具历史古典感与未来科技感的全新商业综合体，拥有勿空街区、潮 π 街区、查特花园、吃货共和国四大主题街区。目前西安大悦城成为接轨国际水准的潮流时尚新地标，也为中国商业地产领域带来了"教科书式"的再生利用范本。

(a)外景

(b)内景

图 2-6　西安大悦城

2.2.2 办公类场所

1. 基本内涵

办公类场所是将原有建筑空间进行分隔改造形成的固定工作场所；以大空间多人共享的工作方式取代单一小隔间的工作方式，顺应办公方式的转变。

办公类场所再生利用模式设计时主要考虑两方面因素：①应符合现代办公空间灵活、多样、协调、舒适的要求；②应合理确定建筑平面布置，可参照建筑模数确定空间尺寸。

2. 案例介绍

1) 南京国家领军人才创业园

南京国家领军人才创业园位于秦淮区菱角市 66 号,前身为清朝江南铸造银元制钱总局，园区总占地面积约 $7.9×10^4 m^2$，建筑面积约 $1.0×10^5 m^2$，如图 2-7 所示。园区内 40 多栋 20 世纪五六十年代的老厂房全部保留，烟囱、构架、行车、齿轮、老车床等工业遗存随处可见。目前园区提供了技术支撑、创意导师、人才培训、文创交易和品牌推广等一体化公共服务平台，着力引进设计创意类、科技研发类及总部企业和各类国家领军人才，打造高端人才和各类高端科技研发项目的集聚区，这里先后被评为江苏省级工业设计示范园、江苏省重点文化产业园、市级现代服务业集聚区。

(a) 场景一   (b) 场景二

图 2-7　南京国家领军人才创业园

2) 深圳云里智能园

深圳云里智能园地处广东省深圳市坂李创新产业大道的核心地带，前身为深圳坂田物资工业园，意在打造拥有智能硬件与智能装备的全生态产业链工业园区，如图 2-8 所示。这里曾是深圳工业园区发展的典型代表，它主要由 8 栋厂房(1~8 号楼)、3 栋宿舍楼组成。在"互联网+"时代，智能园以建立中国智能科技·创意产业聚集地为目标，将园区分为办公空间、生产空间、共享服务空间和餐饮住宿配套空间等，打造一个集产品研发、展示发布、绿色办公、学习交流、创业指导、园区服务、餐饮居住、文娱休闲等于一体的智能产业创业平台。

(a)场景一　　　　　　　　　　　　　　　(b)场景二

图 2-8　深圳云里智能园

2.2.3　场馆类场所

1. 基本内涵

场馆类场所是指包括观演建筑、体育建筑、展览建筑等在内的空间开敞的公共场所；以大空间及历史感为基础，实现馆内功能灵活划分，并满足不同场馆要求。

场馆类场所再生利用模式设计时主要考虑两方面因素：①要合理组织场馆空间流线，满足功能联系紧密、使用高效便捷、易于维护管理等要求；②应注重安全疏散和紧急逃生系统设计，主出入口设置疏散广场；步行系统与城市交通间宜设置缓冲区。

2. 案例介绍

1)上海当代艺术博物馆

上海当代艺术博物馆坐落于上海黄浦江畔，是上海的城市地标，也是一个特别的展览空间，如图 2-9 所示。它选址于 2010 年上海世博会城市未来馆，前身是始建于 1897 年的南市发电厂主厂房及烟囱，其建筑主体长 128m，宽 70m，高 50m。高达 165m 的钢筋混凝土烟囱笔直高耸，具有极强的标志性，见证了中国近代工业的发展历程，昭示着黄浦江两岸新一轮的历史机遇和文化创造。上海当代艺术博物馆是一家公立的当代艺术博物馆，也是集当代艺术展览、收藏、研究、交流、体验教育等功能于一体的标志性城市公共文化活动中心，更是黄浦江畔的城市新地标。

(a)外景　　　　　　　　　　　　　　(b)内景

图 2-9　上海当代艺术博物馆

2）青岛啤酒博物馆

青岛啤酒博物馆是青岛啤酒股份有限公司投资建成的国内唯一的啤酒博物馆，如图 2-10 所示。博物馆设立在青岛啤酒百年前的老厂房、老设备之内，它以青岛啤酒的百年历程及工艺流程为主线，浓缩了中国啤酒工业及青岛啤酒的发展史，通过将啤酒这一元素与历史建筑和现代建筑的有机融合，着力打造了现代工业建筑保护领域的行业博物馆。目前这里已成为集文化历史、生产工艺流程、啤酒娱乐、购物、餐饮于一体的博物馆，具备了旅游的知识性、娱乐性、参与性等特点，体现了世界视野、民族特色，以及穿透历史、融汇生活的文化理念。

(a)外景　　　　　　　　　　　　　　(b)内景

图 2-10　青岛啤酒博物馆

2.2.4　居住类场所

1. 基本内涵

居住类场所是指将既有建筑等改造为住宅式公寓、酒店式公寓、城市廉租房等居住场所；改造为多层小空间组合，如住宅式宿舍、酒店式客房等，提升土地利用率。

居住类场所再生利用模式设计时主要考虑两方面因素：①需要综合考虑用地条件、选型、朝向、间距、环境等因素；②采光、通风、保温、隔热等居住类场所的要求应按现行标准的相关规定执行。

2. 案例介绍

1) 桂林阳朔阿丽拉阳朔糖舍

阿丽拉阳朔糖舍位于广西桂林阳朔，酒店的前身是 20 世纪 60 年代国内顶尖的制糖企业——阳朔糖厂，后于 1998 年闭厂，如今由奢华酒店品牌阿丽拉(Alila)与中国设计师合作共同打造，如图 2-11 所示。整个酒店由分散的建筑组成，包括由老糖厂改造成的餐厅、酒吧、前台、室外泳池等公共空间以及新建的酒店部分。原有码头被改造为江畔泳池，同时码头的水泥老桁架被保留下来，景观地面使用当地的山石铺就，酒店室外的人工水景同漓江水呼应。这里已是一个集现代化和老建筑于一体的度假胜地，融舒适和便利于简约而时尚的风格中。

(a) 场景一　　　　　　　　　　　　　　(b) 场景二

图 2-11　桂林阳朔阿丽拉阳朔糖舍

2) 杭州馒头山社区

杭州馒头山社区位于浙江省杭州市上城区南星街道南宋皇城遗址凤凰山脚路，南靠浙赣线，西至凤凰山，北上万松岭，社区依地势而建，环境幽雅，空气清新，如图 2-12 所示。馒头山社区是原南宋皇城中心地带，社区占地面积约 $1.0 \times 10^6 \mathrm{m}^2$，有 2800 余户居住于此，人口为 6900 余人。原来的馒头山社区街道狭窄，污水横流，危房、违建群租房随处可见，许多居民家中尚未通水，常年使用煤炉，这些一直是杭州民生改善的心头之痛。2015 年 10 月，上城区启动馒头山地区综合整治工程，在短短的 6 个月时间内成就了今天的馒头山，打造了馒头山样板，也造就了馒头山之变。

(a)场景一　　　　　　　　　　　　　　　　　　(b)场景二

图 2-12　杭州馒头山社区

2.2.5　应急类场所

1. 基本内涵

应急类场所是指在发生社会性事件或自然灾害性事件后为人类提供庇护性和适应性的场所。在应急情况下，既有建筑可以依据建筑空间的布局特点改造为相应的庇护场所，例如，可利用体育馆、厂房等大空间建筑场地宽阔、流线明确、多出入口和再生便捷等特点，在短时间内将其快速改造为临时应急场所，提高庇护场所搭建的快速性、便捷性与安全性。

应急类场所再生利用模式设计时主要考虑两方面因素：①场所空间较大，能够容纳较多人员或能储放较多应急物资，便于人员流动和管理；②充分考虑足够尺度的疏散广场与足够数量的出入口，水电等各类设施能够满足应急需求。

2. 案例介绍

1)武汉洪山体育馆方舱医院

洪山体育馆位于武汉市武昌区核心地段，于 1986 年 1 月 1 日对外开放，是湖北省第一座大型、多功能的体育馆，是湖北省举办各种重大体育赛事、大型文艺演出、商贸活动以及各类政治集会、庆典活动的主要场所，如图 2-13(a)所示。

在抗击新冠肺炎疫情的关键时期，武汉洪山体育馆被临时改造成方舱医院，是方舱医院首批建成的点位之一，如图 2-13(b)所示。2020 年 2 月 5 日晚，由武汉洪山体育馆改造的方舱医院接收首批新冠肺炎轻症患者，这里共收治上千名轻症患者，2020年 3 月 10 日，最后一批患者从洪山体育馆走出，运行了 30 多天的方舱正式宣告休舱，为抗击新冠肺炎疫情做出了重大贡献。

　　　　(a)原体育馆场景　　　　　　　　　　　　(b)方舱医院场景

图 2-13　武汉洪山体育馆方舱医院

2)武汉体育中心方舱医院

　　武汉体育中心位于武汉经济技术开发区(沌口)内,由体育场、体育馆和游泳馆(一场两馆)及其他附属建筑构成,总规划用地 1580 亩(1 亩 ≈ 666.7m²)。它是举办国内大型综合性运动会和国际单项比赛的高水平体育赛事场所,也是武汉市对外体育文化交流的重要平台,如图 2-14(a)所示。

　　武汉体育中心方舱医院是国家卫生健康委员会及湖北省为应对新冠肺炎疫情快速建立的医院,由国家(江苏)紧急医学救援队筹建,2020 年 2 月 6 日建成,位于武汉体育中心内,提供 1100 张医疗床位,用于收治新冠肺炎轻症患者,如图 2-14(b)所示。2020 年 3 月 8 日下午方舱医院送走最后一批 13 名患者,正式休舱。

　　　　(a)原体育中心场景　　　　　　　　　　　(b)方舱医院场景

图 2-14　武汉体育中心方舱医院

2.3　区域模式设计

2.3.1　历史街区

1. 基本内涵

历史街区是能较为完整地体现出某一历史时期传统风貌和民族地方特色的文化街区；即根据遗存的文物古迹、近现代史迹和历史建筑，以保护其整体风貌、历史文脉和街巷脉络为原则，集合商业、旅游、文化休闲等功能，更好地传承历史文化精神，延续城市发展的文化脉络。

历史街区再生利用模式设计时主要考虑两方面因素：①应延续老街区的文脉，正确处理恢复老街区的历史记忆与增强其现代化冲突的问题，使双方有机融合、和谐统一；②要把握好历史街区在城市结构环境中的地位、布局和使用方式等功能性问题，发挥历史街区特有的深厚社会文化内涵，充分发挥其标志性的空间魅力和历史底蕴，获得使用价值上的最大化。

2. 案例介绍

1) 成都宽窄巷子

宽窄巷子位于四川省成都市青羊区长顺街附近，由宽巷子、窄巷子和井巷子三条平行排列的老式街道及其之间的四合院落群组成，是成都遗留下来的较成规模的清朝古街道，如图 2-15 所示。作为成都市三大历史文化保护区之一的宽窄巷子，是老成都"千年少城"城市格局和百年原真建筑的最后遗存，是北方胡同文化与建筑风格在南方地区的"孤本"，是历史文化街区保护的典范。通过对宽窄巷子历史街区的再生利用，

(a) 场景一　　　　　　　　　　　　　　　　(b) 场景二

图 2-15　成都宽窄巷子

改变了单一居住功能的现状，并注入了休闲、娱乐和餐饮等新业态形式，为历史街区赋予了新的生命力。

2）苏州平江路历史文化街区

苏州平江路历史文化街区东侧自外环城河而起，西侧边缘与临顿路相邻，南侧由干将东路而入，北侧至白塔东路而终结，悠久的历史建筑、古巷以及小桥流水的江南水城特色堪称古城之缩影，如图 2-16 所示。其中，平江路是平江河边一条沿河而行的小路，是苏州一条以历史久远而闻名的老街，在南侧与干将东路相接，并由此而起越过白塔东路和北侧东北街相通，北接拙政园，南眺双塔，全长约 1606m，宽约 3.2m，两侧横街窄巷众多，更是作为主干道设置在苏州古城的东半城来使用。

(a)场景一　　　　　　　　　　　　　　　(b)场景二

图 2-16　苏州平江路历史文化街区

2.3.2　景观公园

1. 基本内涵

景观公园是将具备历史文化价值的建筑、设备等的保护修复与景观设计相结合，重新整合形成的公共绿地；即以废弃地生态恢复为基础，构建公园绿地场所，延续场地文脉，将社会活动重新引入。

景观公园再生利用模式设计时主要考虑两方面因素：①要体现生态宜居的设计理念；②要将旧建筑、设备设施与景观设计相结合。

2. 案例介绍

1）重庆工业文化博览园

重庆工业文化博览园位于大渡口区原重钢型钢厂片区，占地 142 亩，总规模约 $1.4 \times 10^5 m^2$，由重庆工业博物馆、文创产业园及工业遗址公园构成，是一处以工业文化为主题的旅游景点，如图 2-17 所示。目前该项目以工业文化遗址为内核，融合文商旅关联业态，形成一体化的新产业格局，打造工业遗址、文创产业和体验式商业相融合的城市综合体。作为重庆的重大文化设施项目，浓缩着重庆百年工业史的记忆，这里已成为重庆都市旅游的一大新景观和城市文化新地标。

（a）场景一

（b）场景二

图 2-17　重庆工业文化博览园

2）中山岐江公园

中山岐江公园位于广东省中山市区中心地带，园址原为粤中造船厂旧址，总体规划面积约 $1.1 \times 10^5 m^2$，其中水面约 $3.6 \times 10^4 m^2$，如图 2-18 所示。岐江公园地理位置优越，交通便利，充分利用了原有道路、植被等，选择现代西方环境主义、生态恢复及城市更新的思路，最能表达原场地精神的元素被最大限度地保留了下来，运用现代设计手法对它们进行艺术再加工，赋予其新的功能和形式，很好地将历史记忆、现代环境意识、文化与生态理念融合在一起。目前中山岐江公园已成为一个综合性

（a）全景

（b）局部景观

图 2-18　中山岐江公园

城市公园，以其时代特色和地方特色为市民提供一个满足其休闲、旅游和教育需求的综合性城市开放空间。

2.3.3　教育园区

1. 基本内涵

教育园区是将建筑群或原有园区改造为教室、图书馆、食堂、宿舍等教育配套设施，并与区域整体环境设计相结合形成的园区；即以区域整体环境为依托，将既有建筑空间进行分割，改造为教室或图书馆等教育设施，形成良好的文化氛围。

教育园区再生利用模式设计时主要考虑三方面因素：①有利于形成安全、文明、卫生的教学育人环境；②注重园区规划、建筑风貌、教学环境及交际空间的设计；③合理配置教学、住宿、餐饮、图书、体育、医疗、卫生等功能性场所。

2. 案例介绍

1) 澳大利亚迪肯大学滨海校区

澳大利亚迪肯大学滨海校区位于维多利亚州吉朗市中心海岸，距墨尔本约 70km，是世界著名自驾游路线大洋路的起点，如图 2-19 所示。在过去的百年中，吉朗因羊毛的仓储和贸易而繁荣。20 世纪 90 年代，当地羊毛业衰落后，7 座独立且相接、建于 1891～1954 年的羊毛仓库被改建为大学校园。该校区周边的澳大利亚国家羊毛博物馆、西田购物中心、市集广场等建筑也由与羊毛产业相关的工业建筑改建而来，现今已形成了一大片历史与现代交汇的城市中心区域。通过再生利用，这组建筑的面积已由原本的约 $1.16×10^4 m^2$ 扩大到约 $5.6×10^4 m^2$，该校区共容纳全日制学生约 4000 人，教职工约 600 人。

(a) 场景一　　　　　　　　　　　　　　(b) 场景二

图 2-19　澳大利亚迪肯大学滨海校区

2) 西安建筑科技大学华清学院

西安建筑科技大学华清学院位于西安市幸福南路 109 号,它的前身是陕西钢铁厂,现在园区如图 2-20 所示。2002 年,陕西钢铁厂进行破产拍卖。同年 10 月,西安建大科教产业有限公司以 2.3 亿元的价格成功收购陕西钢铁厂的资产。在原有科教产业园的基础上进行绿色再生,对厂区进行学校化改造、创意园区式处理、房地产开发。在最大程度上发挥老厂区价值的同时,成功地安置了原厂 2500 余名职工,在一定程度上保证了社会稳定和东郊范围内最优越的城市环境。此外,由高校控股企业直接收购国有大型企业的破产资产,这在全国尚属首例。

(a)场景一　　　　　　　　　　　　　　(b)场景二

图 2-20　西安建筑科技大学华清学院

2.3.4　创意产业园

1. 基本内涵

创意产业园是以文化、创意、设计、高科技技术支持等业态为主的产业园区;即以历史文化和艺术表现为基础,延续城市建筑多样性,维持城市活力,连带创意产业共同发展。

创意产业园再生利用模式设计时主要考虑两方面因素:①以文化创意类业态为主,并合理配置商业、餐饮、休闲、娱乐等附属业态;②可以利用区位条件、产业基础、特色资源等优势。

2. 案例介绍

1) 上海老码头创意园

老码头创意园位于上海中山南路,近复兴东路,处在南外滩核心区域,由上海油脂厂改造而成,园区内还保留有作为海派建筑经典之作的十六铺建筑,拥有浓厚的历史底蕴和丰富的历史故事,是一处结合创意办公、商业休闲的创意园,如图 2-21 所示。

老码头是原来的十六铺，有着"最上海"的传奇。这里的临江弄堂、老式石库门群落流传着上海滩的故事。如今，老码头将更好地融合上海这座城市的艺术、文化、商业与风尚，呈现给世人别具一格的海派风情。

(a)场景一　　　　　　　　　　　　　(b)场景二

图 2-21　上海老码头创意园

2）北京 798 艺术区

798 艺术区位于北京朝阳区酒仙桥路 2-4 号院，前身为华北无线电器材联合厂三分厂。该区域西起酒仙桥路，东至京包铁路，北起酒仙桥北路，南至将台路，面积约 $6.0 \times 10^5 m^2$，如图 2-22 所示。798 艺术区的部分建筑采用现浇混凝土拱形结构，为典型的包豪斯风格，在亚洲罕见。随着北京城市化进程的加快，原本属于城郊的大山子地区已成为城区的一部分。自 2002 年开始，大量艺术家工作室和当代艺术机构陆续进驻 798 艺术区，其逐渐发展成为画廊、艺术中心、艺术家工作室、设计公司、时尚店铺、餐饮酒吧等各种空间的聚集区，目前该区域已成为国内最大且最具国际影响力的艺术区。

(a)场景一　　　　　　　　　　　　　(b)场景二

图 2-22　北京 798 艺术区

2.3.5　特色小镇

1. 基本内涵

特色小镇是集合工业企业、研发中心、民宿、超市、主题公园等多种业态，功能完备、设施齐全的综合区域；即依据遗留特色建筑，以旅游休闲为导向，集商业、旅游、文化休闲、交通换乘等功能于一体。

特色小镇再生利用模式设计时主要考虑三方面因素：①利用既有资源优势，设置主导产业，形成业态集聚；②主导产业应与区域发展规划相协调；③宜体现主题鲜明、文化保护、生态优美等设计理念，并兼顾旅游和居住功能。

2. 案例介绍

1）杭州艺创小镇

杭州艺创小镇位于西湖区转塘街道，地理位置优越，环境得天独厚，规划面积约3.5km²，是一个集文艺范、遗址风于一体的省级特色小镇，如图 2-23 所示。艺创小镇的前身是之江文化创意园，由双流水泥厂转型而来，它通过依托中国美术学院，以艺术生活为创建主题，以产城融合、产学一体、众创众享为创建方向，融汇设计、绘画、雕塑、建筑、新媒体、音乐、动漫、舞蹈等艺术门类，壮大文化创意产业，推动艺术创意向社会生产转化，促进文化消费的拓展与升级，是一个集文创设计、艺术展演、社群经济、时尚消费和特色旅游等多功能于一体的新型特色小镇。

(a) 全景　　　　　　　　　　　　　　　　(b) 局部景观

图 2-23　杭州艺创小镇

2）成都洛带古镇

洛带古镇地处成都市"二圈层"经济圈，是全国首批重点小城镇，是国家级历史文化名镇，也是中国西部最大的也是唯一的客家古镇，如图 2-24 所示。镇内千年老街、客家民居保存完好,老街呈"一街七巷子"格局,空间变化丰富;街道两边商铺林立,属典型的明清建筑风格。"一街"由上街和下街组成,宽约 8m,长约 1200m,东高西低,石板镶嵌;街衢两边纵横交错着的"七巷"分别为北巷子、凤仪巷、槐树巷、江西会馆巷、柴市巷、马槽堰巷和糠市巷。洛带古镇的旅游文化资源丰富,旅游事业发展迅猛,老街客家文化景区、金龙湖景区和宝胜村客家原生态村落相得益彰、交相辉映,呈现出"走进历史-回归自然-体验山水"的文化生态旅游格局。

(a) 场景一　　　　　　　　　　　　　　　　　(b) 场景二

图 2-24　成都洛带古镇

思　考　题

2-1　简述商业类场所再生利用模式的基本内涵。

2-2　简述办公类场所再生利用模式的基本内涵。

2-3　简述场馆类场所再生利用模式的基本内涵。

2-4　简述居住类场所再生利用模式的基本内涵。

2-5　简述应急类场所再生利用模式的基本内涵。

2-6　简述历史街区再生利用模式的基本内涵。

2-7　简述景观公园再生利用模式的基本内涵。

2-8　简述教育园区再生利用模式的基本内涵。

2-9　简述创意产业园再生利用模式的基本内涵。

2-10　简述特色小镇再生利用模式的基本内涵。

参考答案-2

第 3 章　土木工程再生利用规划设计

3.1　功能结构设计

3.1.1　功能结构设计原则

区域的功能结构对于区域的发展具有至关重要的奠基作用。土木工程再生利用的过程中，应处理好区域的功能结构与既有土木工程的关系，深入发掘既有土木工程的价值，探究再生利用后的区域功能布局与各个土木工程间的内在联系，从而制定合理的功能结构。

1）经济实用性原则

土木工程再生利用功能结构设计应遵循经济实用性原则，以经济实用为衡量标准，对各类土木工程的再生方式和模式进行选择与判断，从功能布局上协调统一各类拆除、改建、重建的土木工程，最终形成合理的、经济实用的功能布局。同时，还应考虑功能结构布局方案的技术经济性是否能在功能、投资、效益、环境等方面与现代生活相适应，能否满足人们对其的使用要求和人们的生活习惯。

2）安全高效性原则

土木工程再生利用功能结构设计应具有安全性和高效性，改善既有土木工程的安全问题和隐患，并满足高效运营的要求。再生后的区域应预留适当的开敞空间用作避难场所，合理布局道路交通和各类基础设施，为满足消防和疏散要求选择适当的路网密度，提高可达性和通达度。安全高效的空间布局是实现韧性和可持续性的重要一环。

3）彰显人文性原则

土木工程再生利用功能结构设计应能体现出场所的人文精神，通过布局功能与空间营造良好的文化氛围。功能布局应与场所的人文特性相契合，并彰显既有土木工程场所蕴藏的文化内涵和社会价值。深入挖掘既有土木工程场所的文化价值和社会价值，将物质层面与非物质层面的空间结构和功能布局相结合，共同塑造形成再生后的场所，如图 3-1 所示。

4）生态绿色性原则

土木工程再生利用功能结构设计应能够与自然和谐共生，降低环境负荷，确保生态环境质量，实现低碳绿色再生。绿色植被与人造设施应和谐统一，根据功能和既有

(a)场景一　　　　　　　　　　　　　　　　(b)场景二

图 3-1　陕西老钢厂设计创意产业园

现状，对建筑密度、容积率、绿地率进行管理控制，形成宜居宜业宜游且步行友好的再生土木工程项目。

5) 传承与创新兼顾性原则

土木工程再生利用功能结构设计应将传统功能结构与创新功能布局相结合，同时兼顾传承与创新。基于对既有土木工程价值的发掘和判断，对有价值的土木工程进行保护，尊重原有空间结构的特征和价值，同时将新时代的特征元素加入场地规划之中，并使平面功能协调统一，实现新旧协调。

3.1.2　功能结构设计作用

1) 带动经济发展

土木工程再生利用通过合理规划功能结构，能够有效拉动周边经济发展，通过整体结构更新调整，整合串联各个功能，破除经济发展壁垒。引入新的功能结构将激活场所的经济活力，通过吸引投资、业态升级，为地区经济提质增效做出贡献。

2) 提高社会效益

土木工程再生利用应注重社会效益的提升，为城市居民营造和谐的生活环境、优美的区域环境、安全的生活空间、完善的生活设施是社会效益的终极目标。在土木工程再生利用功能结构设计的过程中应合理分配土地功能，适当增加城市居民的使用面积，增加面向城市的公共性空间。积极完善各类基础设施，包括公共服务设施、市政设施、商业设施、绿色基础设施等，满足市民的社会、经济、文化需求，提高区域的公共服务质量和效益。

3) 保护生态环境

城市的生态文明建设是土木工程再生利用的重要发展方向，可以借机改善城市生态环境中的诸多问题，完善城市绿地系统并提升城市生态环境。通过增补城市绿地、绿色再生等手段，改善空气和水环境质量，提高城市的生态环境效益。

4）保证安全可持续

调整功能布局对于实现城市安全可持续发展具有重要作用。在土木工程再生利用过程中，应当考虑各项公共服务设施和基础设施的空间布局，宜采用聚集与分散相结合的方式进行布置，保证平时和灾时的交通可达性与通畅度，能够满足灾时疏散要求，且保证经济稳定运行、基础设施供应稳定。

5）实现新旧共存

在土木工程再生利用中，传承与创新是两个重要的方面，通过传承与创新结合的方式实现新旧共存，既能留住历史的痕迹，又能融入现代的元素，既能留住乡愁，又能满足现代人群的需求，通过创新为既有土木工程加入新的活力，最终实现新旧共存的可持续发展。

3.1.3　功能结构设计内容

功能结构设计建立在土木工程再生利用模式确定的基础之上，与再生利用模式定位形成有机统一，有利于形成整体优势、集聚效应和综合竞争力，促进产业和区域有机一体化的融合发展，提升区域产业的支撑能力与人口集聚能力。进行功能结构设计时，应在当地规划路网的基础上，综合考虑与周边区域、交通基础设施的衔接，进而形成分区明确、联系方便的功能分区。

功能分区的主要类型包括核心功能区、重点发展区、管理服务区和生态保护区等，功能分区定位及规划理念见表 3-1。

表 3-1　功能分区定位及规划理念

功能分区	定位	规划理念
核心功能区	提升区域竞争力的重要区域、区域的人口密集地区	优化区域产业结构及空间
重点发展区	支撑区域经济增长、促进区域协调发展的重要区域	形成完善的产业体系，并配套相关基础设施
管理服务区	提供休闲接待和区域服务管理的区域	保障区域服务水平并运营顺畅
生态保护区	提升生态质量、保护生态资源的重要区域	合理保护与利用既有生态资源，提升环境质量

3.1.4　功能结构设计管理

1）功能结构设计的价值选择

（1）显性价值。

显性价值指功能结构设计后即可通过直接或间接经济收益体现的外在价值。通过土木工程再生利用满足现代人们的生产生活需要，自身的经济价值大大提升，显性的经济收益也大幅提高。同时，对于周边的区域经济也具有带动作用，周边的房价通常会有较大的涨幅，区域的经济效益也将得到明显改善。

（2）隐性价值。

隐性价值指功能结构设计后不能即刻通过具体经济方式体现的内在价值。隐性价值与显性价值具有同等重要的价值地位，隐性价值具体可以体现为历史价值、艺术价值、技术价值、科学价值、文化价值等。隐性价值还体现在推动政府政策改革方面，例如，西方国家旧工业区拆迁后阶层失衡的问题可在功能结构设计后通过混合居住等方式得到缓和，对旧工业建筑的公益化利用也可丰富市民的文化生活，节省新建成本。

（3）显性价值与隐性价值的平衡。

显性价值和隐性价值是可以随着时间发展而不断转化的，两者之间既存在相互促进的关系，又存在竞争和制约的关系。为取得两者良好积极的平衡关系，在功能结构设计的过程中应与功能模式选择一并考虑，探究发展模式，通过政策引导实现共赢。举例来说，旧工业建筑因为具有特殊的背景、建造历史及与周边建筑的异质性，满足了某些人群的审美或经营需求，使其愿意支付部分额外的费用，因此这部分隐性价值也就转化为了显性价值，这种对隐性价值的开发也成为功能置换的新趋势。

2）功能结构设计的导向

土木工程再生利用的功能结构设计导向应符合所处时代的发展要求，契合人群的物质需求和精神需求。设计导向将影响平面布局的空间形态和功能结构，需要设计师正确把握社会发展趋势和社会价值取向。功能结构设计导向主要可以分为两个方面：公共利益优先导向和商业利益优先导向。公共利益优先导向的功能结构设计主要是隐性价值的挖掘，商业利益优先导向的功能结构设计更多地关注显性价值的最大化。

（1）公共利益优先导向。

这种观点主要是从公众视角出发，坚持以人为本的发展观念，商业利益服从于公共利益，保证公众和群体的权利。公共利益优先是当今政府和社会倡导的设计导向，也是今后社会发展的一大趋势。公共利益优先体现在将土木工程再生利用为面向社会大众的博物馆类的展览建筑，以及服务市民的医疗、教育、养老等公共服务设施，或者开辟为向公众提供休闲娱乐空间的公共绿地，针对当下城市配套服务设施不足、绿地景观系统缺失的问题，找到合适的解决办法，如图 3-2 和图 3-3 所示。

除物质层面的空间布置之外，还应考虑公众的情感需求，如公众对于历史文化的怀念之情，对于社会交往、文化艺术、社会公平、美好生活的追求等，将公众的非物

图 3-2　上海油罐艺术中心

图 3-3　重庆工业文化博览园

质需求叠加到空间布局之中，从多个维度体现公共利益优先的设计导向。同时在空间布局中应充分考虑社会弱势群体的利益需求，如增加助残设施、儿童友好空间、老年友好空间等。

（2）商业利益优先导向。

以商业利益优先为导向的土木工程再生利用设计的功能布局多调整为以商业销售、商务办公和地产开发类为主的功能业态。既有土木工程经过再生利用普遍具有极高的商业价值，通过独特的外形和与众不同的体验吸引大量资金和游客，为旅游业、金融商务、商业零售等行业带来巨大的发展空间。例如，对于区位较好、空间较为宽敞的四合院，可以通过适度的空间结构调整，吸引小型文化公司，形成一个结合文化居住功能的办公室模式，如图 3-4 和图 3-5 所示。

图 3-4　美国纽约 SOHO 区

图 3-5　北京前门大栅栏酒吧会所

（3）混合式设计。

混合式设计主要有两种形式：第一种是公共和商业元素在形式上混合，这反映在功能结构设计上就是通过在公共福利设施用地上举办临时商业展览或将部分空间进行租赁来引入商业元素，从而使资金来源多样化；第二种是在保留某些原始功能的基础上部分地进行商业功能分区设计，即原始功能与业务混合的形式。

3.2　区域风貌控制

3.2.1　风貌控制的原则

1）整体性原则

整体性原则有两方面的含义：一是在对某一区域的风貌进行控制时，不应只是针对风貌的局部改善，而是应该从区域的整体价值出发，综合考虑经济、社会、人文等方面的影响，依托区域风貌的提升，促进区域的整体发展；二是区域风貌的各个要素之间并不是相互独立的个体，而是彼此之间相互联系、相互影响、相互渗透的，所以应将区域风貌看作一个有机整体，考虑要素间的协调统一。因此在对区域风貌进行控制时，要协调区域已有的人文资源与空间，梳理区域的整体空间结构，保证肌理的协调整体性。

2）可持续性原则

可持续性原则不仅指在风貌控制过程中经济、文化、环境、社会的不断发展，统筹各类空间资源，营造新而中的建筑风貌和宜人的空间尺度，如图 3-6 所示；可持续性原则还指区域风貌的长期性特征，区域风貌是随着时代的发展而不断变化的，社会在变化，即使现在品质良好的风貌，将来也会出现衰败，这恰恰反映的是社会新发展的诉求，如图 3-7 所示。

图 3-6　科研创新区"服务轴"风貌意向　　　　图 3-7　北京老胡同风貌

3）特色化可识别原则

每个区域内都有其独特的可识别形象，这是其区别于其他区域的特色化风貌，在对区域风貌进行控制时，可将其物质与文化特色提炼出来以突出其历史文化与建设风貌。根据不同的区域功能区划出不同的区域风貌区，把握各个风貌区之间的联系，突出风貌的明晰性，使其和谐共生。既有区域风貌是地域文化展示的一大窗口，是风貌在不同时期的叠加，对其风貌的控制是区域可识别化的支撑。通过对区域内整体风貌进行可识别性的营造有助于提高民众对区域的认同感与归属感，如图 3-8 和图 3-9 所示。

图 3-8　江南水乡民居　　　　　　　　　　图 3-9　潮汕民居

4）多元化原则

地域文化与社会发展等因素的多样性决定了区域风貌的多元性。作为多功能聚集的复合区，区域的风貌保持完全一致是不太可能的。因此其整体性是相对的，各个片区的内部风貌要素在不影响整体风貌一致性的前提下，可保持自身的独特性与个性，彰显区域的多元文化。多元的区域文化是经过不同的历史阶段积淀而形成的，这些多元的区域文化共同影响着区域风貌。区域功能的多样性使其风貌产生较大差异，因此在保证区域风貌整体性的前提下，要满足不同功能对风貌的要求。

5）因地制宜原则

区域风貌是借助区域内既有的自然资源、文化资源、建筑资源等条件形成的。因此在再生利用时，应适应当地条件，充分利用区域的基本特征，综合分析区域现状，因地制宜地采用多样性手段有针对性地进行改造，做到因时、因地、因人地制定实施方案，拒绝单一地进行重复与模仿。图 3-10 为福州烟台山历史风貌区，其延续了当地的建筑风格，也对其进行了整治与改善，将其打造成了首期特色文化街。

6）以人为本原则

无论区域的风貌环境如何变化，其实质都是为人民服务。在区域内营造良好的环境，确保民众良好的身心环境，让生活在区域内的每个人都有归属感，是区域风貌改造的最终目的。图 3-11 为福州鳌峰坊特色文化街区，其通过深挖文化资源、传承文化精神，展示了地方特色并延续了老城记忆。基于这一认知，在尊重原有场地的基础上，还应从社会关怀的角度，使区域风貌满足民众的各种生理与心理要求，并使大众在区域中生活时获得最大的活动性和舒适性。因此，区域的风貌控制应以人的工作、生活需求为出发点，充分考虑尺度的适宜性，针对不同的人群设计相应的空间，体现人性关怀，将区域的人文要素融入设计中，让人们能够产生归属感与认同感，塑造环境舒适、尺度宜人的区域风貌。

图 3-10　福州烟台山历史风貌区　　　　图 3-11　福州鳌峰坊特色文化街区

3.2.2　风貌控制的要素

1）自然要素

每个区域风貌的形成都受其特定的自然环境的影响，自然环境为区域风貌形成的基本要素，也是风貌形态表达的基本依托。其中的自然要素主要包括地形、地貌、气候、水体、山脉、植被等。不同的自然要素是风貌形成发展的基础，人们通过对自然要素进行不同程度的改造可构成不同的地域风貌。只有立足自然、顺应自然、尊重自然才能最大限度地塑造出各具特色的风貌，如图 3-12 和图 3-13 所示。

图 3-12　美丽生态海岛自然风貌　　　　图 3-13　江南临水而居，面水而居

2）人工要素

人工要素是依托于自然要素按照人的理念进行创造而形成的，主要包括建筑物、构筑物、道路、广场、公园等，例如，特色建筑风貌是根据人的精神层次的需求而形成的，如图 3-14 所示；路网格局则是根据人们的交通需求而构建的，如图 3-15 所示。人工要素塑造的好坏直接影响区域风貌的整体好坏，当人工要素适应区域的整体风貌、符合区域的发展要求时，可作为区域风貌的积极因素，使得区域空间更加具有活力与魅力；而当人工要素不适应区域发展时，将成为区域风貌的消极因素，使整个空间变得杂乱无章且无特色，空间毫无美感。

图 3-14　特色建筑风貌　　　　　　　　图 3-15　区域路网格局

3）人文要素

人文要素是能体现区域特色风貌的重要内容，主要包括历史文脉、社会风俗、宗教文化等。它是对区域文化的继承与表达，人文要素常以人工要素作为载体，体现区域的社会意识形态，反映区域的地域特色与历史文化。区域内的历史遗存就是对区域文化的传承，如图 3-16 所示；而景观小品则是载体，是对区域文化内容的再现，如图 3-17 所示。

图 3-16　区域内的历史遗存　　　　　　图 3-17　公园内的景观小品

3.2.3　风貌控制的思路

1）自然要素体现地域特色

在区域风貌控制中可突出区域的自然要素特征，从全局考虑，合理控制，实现区域的可持续发展。在风貌控制过程中，尽可能利用既有的地形地貌，避免对其自然环境的大规模破坏。水体、植物等是自然要素的重要组成部分，区域在各自的发展过程中都会形成各自独特的自然景观，可利用当地独特的自然要素的形态、色彩等，营造具有地域特色、符合当地发展需求的自然风貌。自然要素是区域中最富有生命力的部分，决定了区域自身生态环境的质量，如图 3-18 所示。

2）人工要素展现区域风貌

区域中人工要素的风貌控制需要建（构）筑物、道路、公共空间等多方面的协调配合，这对区域的整体风貌展现起着非常重要的作用。建（构）筑物是人工要素的重要组成部分，需对其形态特征、色彩、高度、肌理等进行控制，建（构）筑物的风貌控制是区域风貌控制的关键，如图 3-19 所示。应在既有空间的基础上保证道路、公共空间等的走势、特征、肌理的整体性，对于新的人工要素的塑造，要充分考虑周边要素的布局与体量，使得新旧之间构成协调的空间形态。

图 3-18　山、水、林独特自然风貌　　　　图 3-19　建筑风貌特色明显

3）人文要素塑造精神风貌

人文要素是存在于区域中的历史文化、社会风俗、行为习惯等与当地民众的精神层面相关的部分，潜在地、能动地影响着区域的风貌。它是人类经过长期的生产、生活所创造形成的具有某种社会意义与历史意义的要素。在风貌控制过程中，往往是利用物质形态来表达历史与文化的相关内容。人文要素主要体现在场地设计、景观小品等方面，使文化得以传承与升华，进而使当地民众获得归属感与认同感。对区域风貌进行控制时，必须使区域的代表性文脉与记忆得以传承与发扬，形成区域独特的风貌特色。

3.2.4　风貌控制的内容

1）自然要素控制引导

（1）山水格局、绿地形态控制引导。

山水格局、绿地形态等自然要素是区域风貌形成的基底，是区域内重要的风貌资源，对区域内风貌特色的塑造与提升有重要的意义。自然要素的控制引导内容主要集中在现有格局的保护与完善方面，应顺应自然肌理，在原有自然要素的基础上根据整体风貌塑造的需求适当改善或增加水域、绿地的面积，以形成较为完善的区域生态系统，如图 3-20 所示。

（2）公共空间绿化控制引导。

公共空间绿化是出于改善生态环境、提升空间品质、为民众提供更好的休闲娱乐场所等目的。在区域内培育栽植的各类植被可分为人工绿化与自然绿化两种类型。其中，自然绿化可影响区域的绿道、组团等开敞空间的布局，如图 3-21 所示。

图 3-20　区域山水格局　　　　　　　图 3-21　公共空间绿化

2）人工要素控制引导

（1）建筑风格控制引导。

建筑风格特征是判断区域风貌独特性的重要依据。建筑风格是受当地文化的影响继而经过长时间的积累，在多重因素共同作用下而形成的。区域内的建筑风格是地域特色的反映，展现出地域文化特征，图 3-22 所示的徽派建筑是江南地区的典型代表。建筑风格的形成是符合区域特点的，我们需要做的是将其进行梳理，按分区、分级的原则，将区域内特有的形态、色彩、材质等地域传统符号融入相差无几的建筑风格中，使得区域个性更加突出。相邻区域之间的建筑风格应该在整体上保持相对统一性，同时建筑体量应与周边空间尺度相协调，保证空间的开敞度与界面的通透率，以给人们最舒适的空间感受。

(2) 建筑色彩控制引导。

建筑色彩是人们进入区域内感受到的第一视觉要素,深刻影响着人们对区域风貌的感知。不同区域因地理位置及文化的差异,形成了差异化的建筑用色习惯。例如,南方气温较高,建筑色彩多采用较为明快的颜色,多选用偏冷色调;而北方温度较低,建筑色彩较为强调温暖感,多采用暖色调。在对建筑色彩进行控制时,尽量沿用该区域长期积淀下来的代表色彩,提高风貌的识别性,例如,安徽地区多采用当地白墙灰瓦的建筑色彩,如图 3-23 所示。

图 3-22　徽派建筑　　　　　　　　图 3-23　白墙灰瓦的建筑色彩

(3) 建筑材质控制引导。

不同材质给人不同的空间感受,如石材给人一种历史感与厚重感,木材给人一种温暖感与亲近感(图 3-24),玻璃给人一种轻盈感与通透感,所以说建筑材质对风貌的影响还是非常大的。在对风貌进行控制时,建筑材质是直接让人感受到地域特色的可接触部分,应以与周围的契合度为标准,选择最协调的材质。

(4) 路网格局控制引导。

道路是区域内以交通为主的线性空间,也是组织城市生活的重要载体。路网格局是各级道路相互组合叠加的形态,整个路网的格局形态很大程度上影响了区域的整个风貌,也是区域风貌体系构建的重要依据。在对路网格局进行控制时,应综合考虑社会发展的需求及自然形态的特点,顺应自然环境格局,满足不同的使用需求。

(5) 开放空间体系控制引导。

开放空间体系主要指区域中供人们休闲、集散、游玩的公共空间,包括广场、公园等类型,作为城市公共空间的主要组成部分,其品质对区域环境和区域风貌有重要影响,如图 3-25 所示。在对开放空间体系进行引导时,内容主要集中在开放空间的连续性、可达性、多元性三个方面。各开放空间应做到功能定位明确、联系紧密,具有较高的可识别性与可达性。

图 3-24　木质建筑　　　　　　　　图 3-25　区域开放空间

3）人文要素控制引导

（1）景观小品控制引导。

景观小品主要指设置在空间内的点睛之笔，是对空间的点缀，如雕塑、壁画、喷泉等，以展现其形态美与精神内涵为主要功能，可以作为某个空间的标志物。在对景观小品进行控制时，主要受当地文化、社会、环境的影响，以传达区域文化与精神内涵为目的，具有鲜明的展示和宣传意图。景观小品的设施还应与场所的整个氛围相协调，将文化通过物化的手段传递与展现出来。如图 3-26 所示，将剪纸文化通过景观小品展示出来。

（2）标志物控制引导。

标志物主要指能够凝练、展现风貌特色的重要建筑物、构筑物以及山体、水系等，其在区域中往往具有较高的视觉敏感度，对于展现区域风貌特色有重要意义。对标志物进行控制时，内容主要集中在可识别性与可达性的处理上，不仅要考虑区域文化特征，还要结合区域社会发展情况及自然环境特点塑造区域风貌特色，且应与区域整体风貌意向相协调，以保证区域风貌的整体性。如图 3-27 所示，北京朝阳公园作为北京四环内最大的城市公园，为该区域内的标志性空间。

图 3-26　个性鲜明的景观小品　　　　　　图 3-27　区域内的标志性空间

3.3　区域空间布置

3.3.1　总平面布置

1) 总平面布置定义

总平面布置是在再生区域和总体规划的基础上，根据使用、安全、卫生、环保等要求，综合利用环境条件，合理地确定场地上所有建筑物、构筑物、道路交通、管网系统、绿化和美化等设施的平面位置。

2) 总平面布置要求

总平面布置的基本要求包括：①满足规划要求，使总平面布置与其相适应；②充分利用地形、地质条件，因地制宜地进行布置；③节约建设用地，合理紧凑地进行布置；④满足防火、防爆、防噪、卫生等各项要求；⑤注重美学要求和艺术效果；⑥考虑发展需求，做好分期、分区布置计划。

3) 总平面布置方法

总平面布置方法包括传统布置法和数学分析法。其中常见的传统布置法包括摆样块设计法和圆圈布置法；常见的数学分析法包括结构布置法和交换布置法。总平面布置方法的分类及特点见表 3-2。

表 3-2　总平面布置方法的分类及特点

分类	特点
摆样块设计法	以功能流程示意图、物流图、人流图及物流表等作为依据，以最大限度地降低运输费用为目标，在按一定比例确定的区域地形图上，来回移动样块进行布置，通过多次布置与优化，获得总平面布置方案
圆圈布置法	将重要单体布置在圆上或多角形的角点上，并用箭头或连线表示它们之间的关系，然后在圆圈内部，对其位置进行调整，通过多次调整与优化，获得总平面布置方案。其中紧密相关的单体在连线时不要横穿圆圈，宜沿圆圈的同侧布置
结构布置法	将区域内的核心建(构)筑物布置在一个确定位置上，如布置在三角形或四边形的网络上，然后选出与已固定位置的对象有强烈交互关系的建(构)筑物，并对它们进行布置，通过多次布置与优化，获得总平面布置方案
交换布置法	以一个现有的或由人工简单指定的工作单元进行交换，不断调整方案目标值，当目标值达到下限，并且已完成预先确定的交换数量时，停止交换，这样即可获得最终的总平面布置方案

3.3.2　竖向布置

1) 竖向布置定义

竖向布置是对场地的自然地形及建筑物、构筑物、道路交通、管网系统、绿化和美化等设施进行垂直方向的高程(标高)布置和安排,使其既满足使用要求,又满足经济、安全和景观等方面的要求。

2)竖向布置要求

竖向布置的基本要求包括:①满足建(构)筑物等工程设施的使用功能要求;②充分利用地形、地质条件,因地制宜地进行布置,节约土石方工程量;③满足道路布局合理的技术要求;④妥善解决场地排水问题;⑤满足工程建设与使用的地质、水文等要求;⑥满足建(构)筑物等工程设施基础埋深、管线敷设的要求;⑦考虑湿陷性黄土等特殊地质地区的竖向布置要求;⑧注重美学要求和艺术效果;⑨考虑发展需求,做好分期、分区布置计划。

3)竖向布置方法

竖向布置方法是指场地各主要布置整平面之间的连接方法,通常分为平坡式、阶梯式和混合式三种。竖向布置方法的分类及特点见表3-3。

表 3-3　竖向布置方法的分类及特点

分类	特点
平坡式	将场地处理成接近于自然地形的一个或者几个坡向的整平面,彼此连接处的设计坡度和设计标高没有明显变化(一般在 1m 以内)。平坡式布置又分为三种:水平型平坡式、斜面型平坡式和组合型平坡式
阶梯式	将场地布置成若干个台阶并以陡坡或者挡土墙相连接,各主要整平面之间连接处有明显高差(一般在 1m 以上)。阶梯式布置按照场地倾斜方向可以分为三种形式:单向降低的阶梯、由场地中央向边缘降低的阶梯、由场地边缘向中央降低的阶梯
混合式	即平坡式和阶梯式两种方式的结合体,场地竖向布置地面由若干个平坡和台阶混合组成。当地形具有多面坡度或具有几个不同水平的整平面时,场地布置可分为若干个区段,每个区段具有不同的斜坡或不同的水平

3.4　道路交通设计

3.4.1　道路交通设计原则

在对土木工程再生利用中土地开发与交通系统关系的处理上,要贯彻我国的城市土地开发政策,形成良好的土地开发与交通系统关系。坚持区域道路交通可持续发展,规划出结构合理、功能完善、适度超前的区域交通系统,应坚持以下原则。

1)以人为本,绿色低碳

区域道路应优先构建完善的公共交通和慢行交通系统,道路建设从以车行为主的理念转变为以人行为主的理念,可以组织车队骑行,提倡多层次的绿色交通,如图3-28

所示。

2) 综合改造，整体提升

道路交通系统是一个较为复杂与综合的系统，包含了道路系统、公交系统、慢行系统、停车系统等多方面，因此需进行综合统筹考虑，梳理城市出行问题，有针对性地建立适宜的城市道路体系，建立完善的道路出行层次，如图 3-29 所示。

图 3-28　绿色出行

图 3-29　完善的道路出行层次

3) 区别对待，因地制宜

区域内的交通问题错综复杂，各个区域面临的情况各不相同，因此必须因地制宜地采用差异化的手段，针对不同的对象、不同的情况采用相应的设计策略，合理地解决特定的问题。例如，平原地区的道路选线时要避开优质地块，而山地道路选线时就要考虑避开地质、地形复杂的地段，如图 3-30 和图 3-31 所示。

图 3-30　平原区域道路

图 3-31　山地区域道路

4) 统筹兼顾，切实可行

对区域进行道路再生规划时要考虑多个目标、多种群体，其用地属性较为复杂，因此需要理清关系，统筹兼顾，确保路网方案切实可行。

5）交通公平，用地协调

重视关系民生的道路交通建设项目，加强交通基础设施的规划和建设力度。道路交通应与区域内的用地方式相协调，重视并解决道路交通对用地的冲击以及用地方式对道路交通的不良影响。

3.4.2　道路交通设计目标

结合交通发展需求，区域应构建畅达、舒适、和谐、低碳的道路交通系统。

1）畅达的对外交通系统

构建该区域与周边区域多层次、多方式、多路径的联系通道。

2）舒适的内部交通系统

强调区域交通的顺畅舒适，大力发展公交、自行车、步行等绿色交通方式。

3）和谐共存的多种交通方式

应充分考虑小汽车、公交、轨道、出租车、有轨电车等多种交通方式，并实现无缝衔接。

4）低碳生态的交通发展导向

完善居住与就业岗位、休闲设施之间的慢行系统建设，引导绿色低碳交通发展。

3.4.3　道路交通设计思路

道路交通工程有其自身特点，其基本设计思路如下。

1）把握总体原则，加强总体设计

如果单纯地考虑某一段道路的改造，很可能出现顾此失彼的局面，只能解决短暂的问题，随着时代的发展、需求的增加，仍会出现各种各样的问题。因此应将道路交通设计放在整个区域的路网内进行统筹考虑，从整体角度分析道路功能的需求、存在的问题，进而制定适宜的方案。另外，道路作为区域组织运行的重要载体，其承担着交通运输、管网敷设、景观布局等诸多功能，因此需协调好相互之间的关系，满足各方需求。

2）坚持公交优先，重视慢行交通

大力提倡绿色交通是时代发展的要求，道路交通设计应着重关注公共交通及慢行交通的设计，为绿色出行创造基础条件。公共交通的设计主要是结合既有公交设施、现有公交线路等要素，对公交站点的位置、规模等进行梳理与优化。对于公交应设置完善的专用公交机动车道，提高公交通行效率。慢行交通的设施应本着连续、便捷、安全、独立的原则，为行人及非机动车创造便捷、适宜的出行环境，对于有条件的道路，还应充分结合绿化景观进行交通设计。

3) 尽量减少征拆, 增加可实施性

征拆工作涉及甚广、难度较大, 与民众联系最为紧密, 因此其社会关注度较高、影响颇大, 需制定有针对性与灵活性的设计方案。针对局部特殊地段, 因地制宜, 采取灵活手段, 降低道路工程的实施难度, 不宜强求全程标准统一, 否则反而增加操作复杂度。

4) 发挥科技优势, 采用成熟技术

随着时代的发展、科技的进步, 以及一些大数据、智能技术和绿色环保材料的逐渐成熟, 同时随着人们的交通方式与理念的转变, 应将较为成熟、可靠的技术运用到道路交通设计当中。

3.4.4　道路交通设计策略

1) 改善对外交通节点, 提倡外通内达

区域交通问题的产生在很大程度上是由于对外交通, 且呈现出明显的规律性即时间段的特征, 因此需重点疏通对外交通的节点, 改善该区域与周边地区的交通联系, 打通路径, 尤其是环路、桥梁等节点设施。

2) 完善区域路网设施, 加快交通微循环建设

出于对区域空间格局与肌理的保护, 应避免大拆大建, 随意破坏既有区域道路系统, 应从完善路网通畅性与系统性的角度出发, 加快交通微循环建设, 完善路网系统, 优化路面通行环境。

3) 推行公交优先, 优化出行结构

通过将公交引入社区内部, 将民众出行的便利置于首位, 加强社区与外围的联系和衔接, 完善公交转换站、地铁站等站点的布置, 加快公共交通建设, 进而在区域内提倡公交优先的出行模式。

4) 提倡慢行交通, 凸显生态交通建设

应持续开展文明出行行动, 强化交通秩序, 优化城市慢行系统, 营造良好的出行环境, 为行人出行提供安全保障, 结合区域内的现有非机动车道, 建立适宜的步行系统, 为区域人居环境创造良好条件, 如图 3-32 和图 3-33 所示。

5) 增加停车设施, 满足停车需求

根据停车需求, 结合道路、开敞空间现状等, 增加停车设施, 缓解区域内的交通压力, 同时鼓励民众采用绿色出行方式。此外, 应采取适度的停车管理策略, 控制区域内车辆通行混乱的情况, 并要在区域狭窄路段减少路边停车, 配建公共停车场所等。

图 3-32　人车分行的道路组织方式　　　　　图 3-33　步行交通空间网络系统

思 考 题

3-1　简述功能结构设计的作用。

3-2　简述功能结构设计的导向。

3-3　区域风貌控制要素有哪些？

3-4　区域风貌控制内容有哪些？

3-5　总平面布置要求有哪些？

3-6　简述总平面布置方法及其特点。

3-7　竖向布置要求有哪些？

3-8　简述竖向布置方法及其特点。

3-9　道路交通设计目标是什么？

3-10　道路交通设计策略有哪些？

参考答案-3

第 4 章　土木工程再生利用单体设计

4.1　内部空间设计

4.1.1　空间改造方法

旧建筑内部空间改造影响着整个建筑再生利用后投入使用时的质感和基调，对旧建筑再生利用的成功与否起到关键性作用。因此在对内部空间进行设计时，应根据其特性采取适宜的手法。在改造时不能一味地保留原旧建筑空间，也不能脱离实际随意改造，达到新旧建筑空间之间的协调统一是建筑再生利用的最终目的。在实际建筑再生利用过程中，常用的空间改造方法有新旧空间统一法、新旧空间并置法、新旧空间对比法、新旧空间融合法和新旧空间转换法等。

1）新旧空间统一法

新旧空间统一是指在新旧建筑空间组合过程中，针对可能导致空间无组织和碎片化的问题，通过置入一个中心节点来整合各个空间或用一条轴线贯穿各个空间以实现空间的有序统一。例如，利用中心庭院将各个展览空间有序串联起来，形成整体空间的统一，使整个建筑空间在改造后严谨有序又丰富多变。

2）新旧空间并置法

新旧空间并置是指通过将不同时期的建筑形态在建筑空间中展现的秩序进行合适的整理和保留，从而形成新的序列，在新旧建筑空间形态中给人以不同的空间感受。在空间改造过程中，可将建筑各个时期的痕迹保留下来，并让其相互叠加，形成时间上的并置，体现了各个时期建筑空间并重的设计思想。

3）新旧空间对比法

新旧空间对比是指在具有显著差异的不同空间要素之间建立空间张力。在空间改造过程中，使用新的建筑装饰材料和建造工艺，如玻璃和钢材的运用，使新旧建筑之间具有高度的辨识性并形成强烈的新旧对比。建筑中新旧材料的对比可使其充满历史的沧桑感和时代的进步感与变化感。常用的对比方式包含形式对比和材料对比两种。

4）新旧空间融合法

新旧空间融合是指在新旧建筑空间要素之间建立明晰的主从关系，使新旧建筑空间要素相互融合，互利共生。具体来讲，就是利用玻璃等材料或镂空设计减少新建结构要素对旧建筑空间要素的遮挡和影响，使新旧建筑融合为一个整体，在空间内能够感受到不同层次的空间形态，形成空间的有机统一。

5）新旧空间转换法

新旧空间转换是指新的建筑空间要素以某种方式转换旧的建筑空间要素，从而使旧的建筑空间要素产生质变。使旧的建筑空间要素产生质变的过程最突出的特点是各种建筑空间关系的转化，如空间功能的转换或者内外部空间的转换。适宜的空间转换会带来意想不到的效果。例如，将原有旧空间恢复原貌，展现出其原有的空间形态和特殊魅力；而置入新的展览功能，则能够在空间中获得更有层次的体验感。

4.1.2　整体空间重构

对整体空间进行重构，必须灵活划分重组空间，若是单一型的大空间，可使单一型大空间向立体复合型空间发展。当旧建筑的内部空间较为高大时，原始的单层空间可以朝着多层复杂空间形式转变和发展，也可以通过围合限定等处理手法在大空间中划分出小空间，更适宜区分空间的不同功能属性。整体空间重构在一定空间范围内能够高效率地利用好室内空间，扩展了空间容量的同时又丰富了室内的活动类型，把动态区间与静态区间相对分开，把公共区间与隐秘区间相互隔离。目前常见的室内空间分隔形式有竖向空间重构、水平空间重构、共享空间置入等。

1）竖向空间重构

当旧建筑的竖向空间构成难以满足再生利用后的使用功能需求时，可通过重新组织内部竖向空间的关系，形成新的空间形态。

（1）设置夹层。

当旧建筑的单层竖向空间较为高大时，可通过增加楼板设置夹层，将原空间划分为合理高度的若干空间。这样通过增设夹层，在充分利用旧建筑的层高后，提高了建筑空间的实际使用率，此外，还可以减少照明和空调等设施的费用，并使界面分解得更有层次，形成多样化的使用空间。例如，北京 798 劳特斯辰国际美术馆在单层厂房中间设置了一层夹层，使得再生利用后的建筑空间得到充分利用，如图 4-1 所示。

（2）垂直合并。

垂直合并是指保留建筑的梁和其他承重结构，拆除原建筑的内部楼板或夹层，以形成上下贯通的公共空间，如中庭空间或门厅空间等。其中，中庭空间是建筑设计较为常用的一种空间利用形式，它能有效地增加建筑内部的公共空间，并且能够有效解决交通采光和通风等诸多问题。例如，1905 文化创意园区通过将建筑空间中部的各层合并，起到了很好的采光效果，如图 4-2 所示。

图 4-1　北京 798 劳特斯辰国际美术馆　　　图 4-2　1905 文化创意园区中庭空间

2) 水平空间重构

(1) 水平分割。

这种空间重构的设计手法广泛应用于室内空间改造设计中,一般用于将多层框架结构的厂房、仓库改造为办公用房或住宅。在满足使用者需求的同时,对室内空间既有主体的结构进行略微改动,使新增隔墙在既有结构的承载力范围之内。例如,沿室内水平方向增加轻质隔墙,将原有的开放型大空间分隔成多个私密型小空间,使其尽可能灵活,实用性强,以满足新的使用要求。值得注意的是,这种方式在既有结构上增加了荷载,因而对建筑的结构有较高的要求。

沿水平方向对室内空间进行划分或合并,需要对墙体的位置和状态进行必要的改变,这种改变必须以确保建筑结构安全为前提。划分或合并的目的是达到新的功能要求,提高室内空间的使用效率。它主要有以下三种方式。

① 绝对分隔。

用墙从底到顶对室内空间进行完全隔断,这种分隔方式能很好地遮挡视线,具有良好的隔声效果。这种分隔方式一般用于有封闭保密要求的办公空间、居住空间、餐饮空间等。

② 局部分隔。

以不到天花板或墙面的隔断对空间进行分隔,使得建筑内的各个部分在空间上有一定的连接。这种分隔方式一般用于有相互联系要求的办公空间、餐饮空间等。

③ 灵活分隔。

通过使用可以移动的屏风、展板、展台、家具等来划分室内空间。这种分隔方式一般用于博物馆、美术馆、展览馆的展厅,并且适用于使用功能需要经常变化的建筑。

(2) 水平合并。

水平合并是相对于垂直合并而言的,是指通过拆除建筑的内部空间隔墙,将原有空间进行水平方向的重新划分组合，从而获得新的建筑空间。这种设计手法多用于对空间需求较大的建筑部位。但需要注意的是，水平合并一般并不拆除承重构件，以保证原结构的安全。

3）共享空间置入

对于很多大跨型建筑，尤其是一些重工业厂房，由于在生产、加工时的需要，室内空间大多数都有较大的跨度和较广的进深。而大跨度、广进深建筑的中部自然采光难度较大，面对这种情况，可以在改造时加入中庭，创造出比较灵活的使用空间，弥补旧建筑中央部分采光不足的缺陷。

北京 798 悦·美术馆如图 4-3 所示，在高跨度的空间中增加中庭走廊是悦·美术馆的特色，设计的目的在于增加空间的灵活性和层次感，也让具有一定高度的空间有更切实的使用效率和空间利用率，同时也提高了室内空间的视觉品质。

(a)内景一　　　　　　　　　　　　　　　　(b)内景二

图 4-3　北京 798 悦·美术馆内部中庭空间

4.1.3　局部空间布置

旧建筑室内局部空间的布置是为了保留旧建筑的外墙面，并根据新的功能要求在原有室内空间的基础上重新构筑内部的局部空间系统。局部空间的布置因规模小、时间短、见效快、便于操作等优势被广泛地运用。建筑师在改造手法上往往追求灵活、多样化和生活化的主题，突出设计中的亮点，最大化地利用旧建筑。局部空间布置应遵循的原则如图 4-4 所示。

1）局部增建

（1）插入新空间。

新的功能必然会对旧的室内空间提出新的要求，有时就需要在旧建筑之间加入新的功能空间。插入的新空间中最常见的有楼梯、走廊、门厅和中庭等。例如，安特卫普码头住宅的实践就是 19 世纪仓库再生利用成现代化五口之家公寓的经典案例。原有

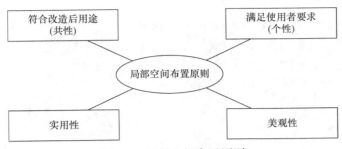

图 4-4　局部空间布置原则

许多仓库在安特卫普码头，但在 20 世纪中期后，随着航空运输业的快速发展，安特卫普的海运业务急剧下滑，随后出现了大量闲置的旧建筑，为了再生利用这些闲置的旧建筑，迈耶在 20 世纪 80 年代对安特卫普地区做了一个总体规划设计，认为应结合当地情况对旧建筑进行再生利用。根据这一规划设计，码头附近的许多仓库都被再生利用成住宅。根据仓库具有的结构特殊、木材厚重和空间高大的特点以及业主的要求，设计师设计了一系列的照明系统、夹层、连廊、楼梯、管道等，在水平竖直方向上将开阔的单一空间进行分割，创造出许多具有不同功能的独立小空间，显示出轻巧、灵活和多样化的效果，达到了有效利用、业主满意的效果。

(2) 局部加建。

局部加建指根据室内空间新的功能要求，在旧建筑的室内上方或室内中间增加一个新的功能空间。由于局部加建的部分涉及整个旧建筑受力的变化，所以首先需要对整个旧建筑的结构情况进行分析，对局部加建而使整个旧建筑受力的变化进行精确验算，当局部加建不会对旧建筑带来危险时，才能采取相应的加建措施进行加建。采用垂直加建的方式虽然能在旧建筑的基础上添加建筑空间，但这种加建方式不仅改变了建筑的形态和轮廓线，同时由于在原结构上增加了荷载，因而对建筑的结构有较高的要求。

北京 798 艺术区的艺·凯旋艺术空间如图 4-5 所示。根据新的功能需求，在既有的室内空间中增加了一个新的空间，再通过楼梯实现空间与空间之间的衔接，创造新的交通路线，让新旧空间和谐地连接起来，形成一个完整的空间。

2) 局部拆减

空间再生的目的可以通过利用空间的加、减法和改变局部建筑结构来达到。室内空间局部拆减使得空间跨度更大，这为重新设计室内空间提供了更大的操作空间，并提高了室内空间的利用率。图 4-6 是奥塞车站再生利用为博物馆，充分说明了局部拆减的方式在室内空间改造中的运用。在对奥赛车站进行再生利用时，充分发挥了室内高空间的优势，通过更新内部空间，满足了展厅的使用价值。

　　　　(a)内景一　　　　　　　　　　　　　　　(b)内景二

图 4-5　北京 798 艺术区的艺·凯旋艺术空间

　　　　(a)内景一　　　　　　　　　　　　　　　(b)内景二

图 4-6　奥塞博物馆

　　在室内空间改造中，也可将局部拆减的方式理解为拆减后的"少"不是空白，而是简单精致。要求满足改造空间的功能要求，室内空间的规划不应过于复杂烦琐，应以简洁流畅的线条、巧妙的构思、精美的布局满足其使用功能的要求，扮靓室内空间。

4.1.4　空间链接形式

　　新旧空间的组织是指当旧建筑的本体空间无法容纳或者适应所需要的新功能时，设计中把若干独立的个体链接或者联合起来成为新的整体，通过延续与完善旧的空间，使新的空间功能能够适宜于新的需求。在旧建筑室内空间的基础上增加新的室内空间，这种设计手法易于突破既有建筑空间的局限，在空间形式、界面材料处理上更加灵活。此外，还能够形成庭院等新的空间形式，丰富了建筑的空间水平。链接时，不同的空间可以采用串联或者并联的方式，当然也可以通过庭院进行空间的重新组织，具有灵活多样的形式。

1）利用垂直空间链接

新旧空间的垂直链接是通过加建或扩建既有建筑竖向的方式来适应新旧功能的转变，如在室内空间需要的地方对顶部增加活动区域或拓展地下活动空间等。

（1）顶部加建。

在不改变原有承重结构的条件下，对活动空间的顶部增加适当的面积区域，成为增加室内空间使用面积的有效方法。顶部加建必然导致建筑外观的整体受到一定的影响，若对建筑外观有严格要求，那么这一手法需谨慎采用。

（2）地下增建。

在不能破坏既有建筑外观的情况下，且在地上空间不能满足使用要求或者对旧建筑的风貌保护比较严格的时候，可以考虑发展地下空间，尤其在一些大空间结构的旧建筑中最为适用。同时由于开发地下空间对既有建筑的布局、风貌影响最小，因此在重要的历史保护性建筑中，建筑设计师多采用这种方法。

2）利用水平空间链接

采用中庭或入口的方法，对空间进行水平扩建是新旧空间链接的一种手法。其提供了妥善处理两者关系的一种新方法，利用中庭或入口灵活多变的空间特点，可以巧妙地融新旧于一体。若对旧建筑的室内空间进行部分加建，可在新旧空间结合的位置设立中庭或入口，作为室内空间的交通枢纽，解决了建筑功能和建筑形象之间的矛盾，使新旧建筑链接后具有统一的完整性。

新旧空间的链接要注意的是，由于新增的空间体量较小，所以外观设计上要与旧建筑的风格一致，尽量不要破坏旧建筑的外观，新增室内空间与原有室内空间之间在设计时要注意相互衔接与过渡，使之成为一个既互相联系又有各自特色的有机整体。

4.2　外部空间设计

4.2.1　立面改造方法

立面是建筑自身的一张名片，直接影响人们对建筑整体的感受和评价，而很多旧建筑由于建设年代较早，其立面上的设计要素已不再符合如今大多数人的审美，并且由于维护较差，其原有的立面很多都已经严重老化甚至破坏。因此当考虑到经济、文化等因素对旧建筑再生利用的影响时，除对其建筑功能和结构形式进行改造和更新外，还必须要对建筑立面进行合理的优化和处理，以达到旧建筑再生利用的效果。目前基于旧建筑原有立面的完好程度，以及对改造后建筑立面的具体需求，按照改造规模和改造形式的不同，立面改造可分为以下四种方法。

1) 基于原有外立面式改造

基于原有外立面式改造是以不改变建筑原有墙体以及门窗洞口位置为前提的，它是在原有建筑立面基础上进行的改造。通过对建筑立面的构成方式重新进行梳理，如改变墙体的材料或局部增添装饰性的构件，以达到重塑建筑整体风格形象的效果。这种模式主要适用于砖混结构体系和框架结构体系，对建筑形体的改变也最小，同时工期较短、简单易行。

2) 外立面扩充式改造

外立面扩充式改造是指在原有建筑体型的基础上，通过增加新的结构，提升和扩充原有建筑的功能。此类改造需要注意原有结构的承载能力，还需要考虑如何将已有的结构与新增的附加体进行衔接。昆明某旧厂房再生利用项目如图 4-7 所示，这种模式会改变建筑的形体，所以需要从空间尺度、整体效果、可行性以及适用性多种角度进行考量。此类改造方式的优点是，可以对原有建筑进行功能上的补充，增加建筑的形体变化和立面的层次感，便于建筑风格的整体塑造。而这种模式的不足是改动较大，涉及内容较广且施工难度较大，造价较高。

(a) 场景一　　　　　　　　　　　　　　　(b) 场景二

图 4-7　昆明某旧厂房再生利用项目

3) 外立面替换式改造

外立面替换式改造是在原有承重结构体系不变的基础上进行外围护结构的更换，通过完全更换外围护结构，对建筑立面进行彻底的更新，且改造后的立面形式和风格受原有建筑结构的约束较小。但是这种改造模式只能在建筑外围护结构与建筑支撑结构相互独立的情况下实施，并且对原有建筑的改动较大，工期长，造价高，在施工过程中无法兼顾建筑的继续使用。

4）外立面包裹式改造

外立面包裹式改造是在保留原有建筑立面的基础上，在建筑外部增设一层结构独立的建筑表皮，对原有建筑立面进行大范围的包裹。这种改造模式造价较高，对原有建筑结构的影响较小且施工过程可以不影响建筑内部各功能的正常运行。通过构建一层新的表皮达到遮盖原有立面的作用，有利于建筑形体和立面的改造，为建筑立面的改造提供了更多的可能性。

4.2.2　立面材料选择

建筑材料为建筑外立面的重要组成部分，通过对材料的形状、色彩、质感的精心设计，会使其外立面焕然一新。不同类型的建筑材料会塑造出不同的外立面风格，如玻璃的透明性、金属的质地、混凝土的重度等。在对旧建筑进行再生利用时，可以通过保留与利用既有材料和介入与运用新材料相结合的方法，使其重现活力，实现再生。

1）既有材料的保留与利用

既有的旧建筑材料是旧建筑价值的主要体现，即使它们的面貌已经衰败，但它们自带的年代生活气息随时能唤起人们那段存留的岁月记忆。因此在选择立面材料时，要合理地利用既有材料并以适当的方法对其进行保留。

在旧建筑再生利用设计中，既有材料能否保留取决于对其性能的合理监测以及对其老化程度的综合分析，而这些既有材料主要分为功能材料和装饰材料。功能材料是外部空间设计的物质基础，主要包含旧建筑的承重结构、围护结构以及附属构件等材料，与再生利用后建筑的使用安全指数和外立面形态有很大关系。装饰材料主要指不参与承重的，但能传达时代美感的建筑材料，其特有的视觉感受在外部空间设计中不可或缺。因此对功能材料和装饰材料进行适当的保留与利用能够有效延续旧建筑的内容和文化，保留其场所感。

2）新材料的介入与运用

在旧建筑外立面改造过程中，有必要循环利用既有的功能材料和装饰材料，但既有材料毕竟有限，没有办法完全满足建筑外立面改造的需要，因此将一些新材料运用到外立面的改造中已成为必然。新材料的选用可以有效地扩大旧建筑外立面的自由度，但也要小心处理新旧之间的协调关系。有多种材料可供选择，其选择将会影响建筑的真实性、可读性以及安全性。因此，在外立面改造中选用新材料时，应该遵守以下的一些基本原则。

（1）满足使用功能。

建筑外立面功能材料和装饰材料的选用应根据设计意图及具体部位的使用功能综合考虑。而外立面最基本的功能是保护墙体，因此必须考虑材料的强度、耐磨性、耐水性以及防火、防水、防潮的特性，常用的外立面功能材料和装饰材料有涂料、天然花岗岩、天然大理石、陶瓷锦砖、铝塑板、铝合金型材、玻璃等。另外，对外立面功能材料和装饰材料的选择还要考虑隔声、保温、隔热、吸声、照明等性能，以便创造一个既舒适又安全的生活环境。

（2）满足装饰功能。

建筑外立面装饰既是一种对环境进行提升的工艺技术，又是人们为了满足视觉的审美要求对建筑物内外界面进行优化的艺术。建材的色彩、质感、肌理、线型、耐久性等的运用将直接影响建筑外立面的装饰效果。

（3）满足耐久性。

材料的耐久性就是指材料在使用过程中经久耐用的性能。建筑物外部要经常受到日晒、雨淋、冰冻等的侵袭，且常受清洗、摩擦等外力的影响，因此，对材料耐久性的考量是必要的。

（4）满足经济合理性。

建筑外立面的功能材料和装饰材料由于品牌和质地不同，价格通常相差悬殊。在外立面改造过程中，应统筹考虑各种价格材料的选择和使用。例如，磨损和老化迅速的部位应选用耐久性高的材料，加大投资；而其他非重点部分可以选择中等档次的材料进行基本装饰，以创造出既经济合算又美观大方的装饰外立面。

3）外立面改造中常用的新材料

（1）面砖。

面砖是外立面改造中广泛应用的材料，其原材料来源于大地，给人以亲密感。大多数旧建筑的表面是裸露的砖墙，可以让人感受到传统文明的力量，并且激发人们思考历史。因此，在对旧建筑进行再生利用的过程中，建筑师常用面砖的拼贴来模仿传统用砖砌筑的墙面，作为对传统建筑形象的一种追求，如图4-8所示。

此外，外墙面砖与其他的材料相比，具有良好的耐久性和环保性能。最初作为结构材料的砖随着建筑结构形式的多样化也被释放出来，参与到建筑物的部分封闭和装饰中。外立面改造时，建筑师将为外墙砖附着不同的材质以塑造不同的建筑形态，并且通过面砖与砖的砌筑方式的变化、灰缝的排列组合来形成较强的墙面肌理，控制外立面更新的效果。

（2）涂料。

由于外墙粉刷更新方式见效快、可实施性强，故常用于旧建筑再生利用中的外立

(a)外景一　　　　　　　　　　　　　　　(b)外景二

图 4-8　建筑外立面采用面砖装饰

面改造。该方式是在旧建筑原有形体的基础上，装饰和保护建筑外墙面，美化建筑形象，同时起到保护外墙的作用，以延长使用时间。涂料有宽广的色谱，几乎可以提供任何想要的色彩，故在旧建筑外立面改造中有着显著的优势。此外，涂料的质感也会因建筑构造不同而有差异。在外立面改造过程中，合理地利用涂料，将会获得良好的视觉效果且节约成本，如图 4-9 所示。但由于涂料不能创造太多视觉细节，因此在改造设计中，建筑的整体美感需要通过体块、虚拟现实的结合来创造。

(a)外景一　　　　　　　　　　　　　　　(b)外景二

图 4-9　建筑外立面采用涂料装饰

（3）金属。

金属材料（以铝、钢、铜等为代表）被广泛地应用到建筑外立面改造中。它与旧建筑的大多数材料不同，反映了现代的材料、技术和建筑美学，与旧建筑强烈的历史感相比，它强调了旧建筑的真实性和可读性。此外，它通常采用螺栓固定在旧建筑上，对旧建筑的破坏和依赖都比较小，并且能够增强旧建筑结构的稳定性。在金属表面做防腐措施，既能增强金属的耐久性，还能赋予金属多彩的颜色。通常将金属材料与其他材料混合以形成对比和融合效果，同时反映现代美学特征。我们常常见到生锈的金属与周围褐色的砖石相搭配，既丰富了环境的水平，也显得协调统一；有些时候金属会作为结构杆件，以反映力的平衡；在某些情况下，金属被广泛应用于幕墙饰面。金属容易与旧建筑形成良好的融合效果，并且可以通过金属的颜色、纹理与旧建筑的纹理形成对比，因此它被广泛地应用于外立面改造。

例如，达利国际集团有限公司的办公楼和综合楼是由两栋单层厂房再生利用而成的。为了改变老厂房刻板沉重的印象，设计师首先采用浅灰色涂料对老厂房的外墙面进行粉刷，再在厂房外包裹一层铝条编织的丝质的外立面，如图 4-10 所示。铝条被打乱重组，形成的网状外衣不仅可以调节光线，而且使内外空间的过渡更为微妙，同时消除了老厂房既有的沉重体量感。

图 4-10　建筑外立面采用金属装饰

(4) 玻璃。

玻璃作为建筑外立面改造中常用的材料，通常以两种形式出现：其一是作为围护材料，为建筑挡风遮雨；其二是作为结构材料，支承建筑结构。而一般玻璃经常以玻璃窗、玻璃屋顶、玻璃雨棚等形式为改造后的外立面形态增添一丝清新和淡然。随着现代工艺的进步与发展，相信玻璃将会以更新颖和富有创造性的表达为外立面改造注入新的活力。在实践中，玻璃通常与金属材料结合使用，使建筑呈现出晶莹剔透、多变且现代的外观。

如图 4-11 所示，玻璃作为围护材料应用于外立面改造的形式多种多样，如编织旧肌体，封闭旧空间，在扩建和施工中创造新空间。在外立面改造中，玻璃以二维形态出现在墙面中，形成外立面新旧肌理的对比。此外，围合空间的玻璃常以三维方式出现，与旧建筑融为一体，创造出令人惊叹的空间感。随着技术的发展，玻璃的强度不断提高，也常被用作旧建筑内部改造的部分结构材料。

(a) 1905 文化创意园区外立面玻璃装饰　　　　(b) 楚天 181 文化创意产业园外立面玻璃装饰

图 4-11　建筑外立面采用玻璃装饰

随着新材料的不断涌现，适用于外立面改造的建筑材料越来越多，使得传统或现代的材料在外立面改造中具有新的含义，使改造后的外立面形态具有多样性。例如，建筑材料的质地、纹理、光滑度等可以给人一种特殊的感受。而不同的建筑材料，具有不同的材质，呈现出不同的质感。因此在选用外立面改造材料时，对其性能的要求要有明确的判断。

4.2.3　立面色彩表达

在各种视觉要素中，色彩是最具表现力的元素，也是塑造建筑外立面形象的重要方面，已成为建筑表达的客观工具。另外，随着建筑发展的推动，色彩已经成为人们感知建筑的直接因素。在旧建筑外立面改造中，色彩是建筑外立面最为直观的表达，真实地反映了新旧外立面之间的相互作用。因此，在对旧建筑外立面进行改造时，必须适当地运用色彩以增强建筑更新后的美学效果。

1) 色彩的作用

色彩既可以给建筑增加生气，也可以给建筑注入特殊的情调。当对旧建筑外立面进行改造时，建筑物的视觉形象可以通过色彩来美化。在单调的旧建筑肌体中，外观肌理可以通过色彩造型来组织，使建筑形象脱颖而出。一般情况下，我们通过色彩来强调建筑的轮廓、关键构件等，以便凸显建筑形式。此外，建筑外立面的整体色彩也会对城市色彩产生一定的影响。而由于旧建筑外立面的色彩比较单一，常常给人冷峻庄严的感觉，因此可以运用色彩来对其进行外立面改造，将其融入城市环境，使之成为城市体系中和谐的一部分。

2）色彩的调和

色彩的调和就是把各种色彩元素组合在一起，通过调和给人带来整体感和调和感。在旧建筑外立面改造设计中，调和主要分为三种：同类色调和、类似色调和、对比色调和。同类色调和是指同一色相色彩的统一变化，形成不同明暗层次的色彩，给人以亲切感。类似色调和是指色相环上相邻颜色的组合应用。例如，在建筑外立面装饰上选用绿色调，当它与色相环相邻的蓝色、蓝绿色相组合时，就能得到冷色调的类似色调和。对比色调和是指补色或接近补色的对比色配合，明度与纯度相差较大，给人以强烈鲜明的感觉。图 4-12 是位于北京的 Bumps 大楼，在建筑外立面的色彩装饰上就采用了这样的对比色，给人一种强烈的感受。

(a)场景一　　　　　　　　　　　　　　　　(b)场景二

图 4-12　采用对比色调和的 Bumps 大楼

3）色彩的运用

在旧建筑外立面改造时，设计师凭借个人的主观创作理念、根据建筑装饰的视觉美感进行主观色彩表现设计。若要在一定程度上改变建筑的尺度、比例等空间效果，就需要充分利用色彩的基本特性和色彩对人的视觉感受的影响，来达到改善空间效果的目的。而由于各种旧建筑再生利用的功能不同，在对外立面改造时对色彩的使用也各有不同。如宾馆、餐厅等一些需要给人亲切感的建筑，色彩可选用黄色、乳白色等一些温馨的色调。

另外，在建筑装饰色彩的使用上，还要分析和结合周边的环境因素，进行整体综合分析，既要考虑周围建筑的色彩因素与周围环境的色彩整体性，又要考虑自身设计的个性，体现出独特的效果与魅力。此外，还需要充分注意民族、地域、文化和气候条件等因素，了解不同色彩在各种不同文化环境中的不同象征意义，只有这样才能更恰当地进行外立面改造设计，以及更好地应用不同色彩，使建筑外立面色彩体现出不同地方的文化和不同建筑的内涵。

4.3　建筑结构设计

4.3.1　外接式

旧建筑再生利用中外接的实质是在原有旧建筑周边一定范围内加建一定数量局部的建筑物、构筑物或附属设施，加建建筑与原建筑作为一个建筑再生利用整体。根据外接部分结构与原建筑结构的受力情况，可分为独立外接（分离式结构体系）和非独立外接（协同式结构体系），分别如图 4-13 和图 4-14 所示。

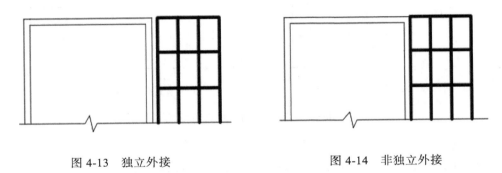

图 4-13　独立外接　　　　　　　　　　　图 4-14　非独立外接

1）独立外接

独立外接，即分离式结构体系，是指原建筑结构与新增结构完全断开，独立承担各自的水平和竖向荷载。外接部分体量相对较小，但由于独立外接部分与原建筑相互分离，一般常见于砌体结构和钢结构等形式中。

2）非独立外接

非独立外接，即协同式结构体系，是指原建筑结构与新增结构相互连接。

（1）主要特点。

① 非独立外接部分的荷载通过新增结构直接传递给新设置的基础，再传至地基。

② 非独立外接部分的施工不影响原建筑的改造、使用和维护，即原建筑部分可不停产、不停用。

③ 非独立外接部分与原建筑部分相比，体量较小，仅作为原建筑部分的补充，以完善和方便后期的运营和使用。

④ 非独立外接部分是一个全新的建筑，其建筑立面和装修风格可与周围建筑

相协调。

（2）节点连接分类。

非独立外接部分与原建筑部分相互连接，根据连接节点的构造，可分为铰接连接和刚性连接。

① 铰接连接。当连接节点仅传递水平力而不传递竖向力时，原建筑结构和新增部分结构承担各自的竖向荷载，但在水平荷载下，两者协同工作，此连接为铰接，其结构简化体系如图 4-15(a)所示。

② 刚性连接。当连接节点同时传递水平力和竖向力时，原建筑结构和新外套增层结构共同承担竖向荷载和水平荷载，此连接为刚接，如图 4-15(b)所示。

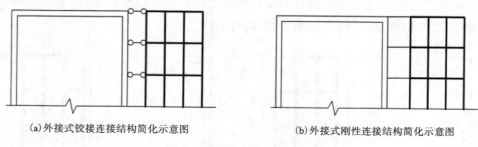

(a)外接式铰接连接结构简化示意图　　　　　　　(b)外接式刚性连接结构简化示意图

图 4-15　主体结构节点连接形式

（3）关键节点处理。

对于非独立外接形式，其关键部分是新老建筑之间的节点处理。目前常用的几种类型包括钢结构与混凝土结构的连接、钢结构与钢结构的连接等。

① 钢梁与混凝土柱的连接。在新增钢结构时，新增钢结构难免会连接到原有的混凝土柱上。两者连接后，混凝土柱的受荷面积增加。由于原有旧建筑建造时间较长，所以并不能准确确定混凝土柱的强度承载力。针对这种情况，要对梁柱连接进行特殊的处理。在原有混凝土柱的跟前紧靠着工字型钢柱，钢梁与钢柱的连接方式为铰接，这样钢柱就只承受钢梁传递的轴力，并不承担弯矩。在沿着混凝土柱的长度方向，每隔一定距离就植入钢筋，使其与原有混凝土柱连成一体。钢柱可以通过螺栓连接到原有混凝土柱的承台上。

② 钢梁与钢筋混凝土梁的连接。当两者连接时，承载力是首先要考虑并且解决的问题。两者主要采用的也是铰接的方式，通过使用钢梁的连接螺栓和钢筋混凝土梁的锚栓，使其联系起来。

③ 钢构件与钢构件的连接。一般来说，钢结构之间的连接方法包括焊接、普通螺栓连接、高强度螺栓连接和铆接。螺栓连接常用于新老钢结构之间的连接。

4.3.2　增层式

旧建筑再生利用中增层的实质是在原有旧建筑上部、内部或外部进行增层。根据增层部分与原有旧建筑结构的相对位置，可分为上部增层、内部增层和外套增层，分别如图 4-16～图 4-18 所示。

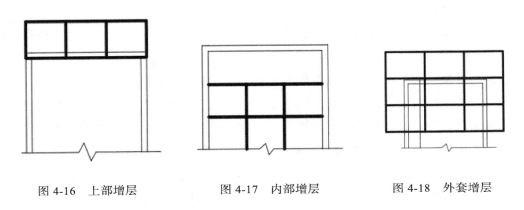

图 4-16　上部增层　　　　　　图 4-17　内部增层　　　　　　图 4-18　外套增层

1) 上部增层

上部增层，是指在原建筑主体结构上部直接增层，充分利用原建筑结构及地基的承载力，通过上部增层的方式满足新的功能需求。因此，首先要求原建筑承重结构有一定的承载潜力。增层部分的建筑风貌与外形需尽量与原建筑的结构体系一致，使房间的隔墙尽量落在原有建筑梁柱位置，要在原有系统的布局和走向上考虑房屋中的设备设施、上下水管以及煤气、暖气、电气设备的布局，尽量做到统一，减少管线的敷设，避免不必要的渗漏。根据原建筑结构类型的不同，上部增层的基本形式主要有砖混结构上部增层、钢筋混凝土结构上部增层、多层内框架砖房结构上部增层、底层全框架结构上部增层。

(1) 砖混结构上部增层。

通常，砖混结构建造时间较长，且层数不高。就此类旧建筑的墙体自身承载力而言，在原高度上增加 1～3 层，总层数控制在 5 层或 6 层以下，难度不大。因此，当原结构为小开间且无大开间要求的砖混结构时，在地基基础和墙体承载力复核验算合格后，若原承重构件的承载力及刚度能满足增层设计和抗震设防要求，可不改变原结构的承重体系和平面布置，最大限度地在原来的墙体上直接砌筑砌体材料，然后铺设楼板和屋面板。

当原建筑承重墙体和基础的承载力与变形不能满足增层后的要求时，可添加新的承重墙或柱，或者可以通过改变荷载传递路线的方法进行增层。例如，若原建筑为横墙承重、纵墙自承重，则增层后可改为纵横墙同时承重。此时，应重新验算墙或柱的承重能力，且应满足规范要求。

当原建筑为平屋顶时，应查验其承载能力，当跨度较大或板厚较小时，还得核算板的挠度和裂缝宽度，若所有条件都满足即可将屋面板作为增层后的楼板使用，否则需要拆除楼板并重新进行楼板施工；当原建筑为坡屋顶时，需将原有屋面拆除重新进行楼板施工。

(2)钢筋混凝土结构上部增层。

当旧建筑为框架或框剪结构时，在进行上部增层时一般采用框架结构、框剪结构或钢框架结构。

采用框架结构增层时，经常需要添加剪力墙才能通过抗震验算，当添加剪力墙有困难时，可采用防屈曲约束消能支撑，以减小结构的地震反应。直接在钢筋混凝土结构顶部增层，增层结构与原有钢筋混凝土结构顶层梁柱、剪力墙节点的连接处理是关键。采用钢框架结构增层时，增层后的结构沿竖向的质量、刚度有较大突变，应保证新旧结构整体协同工作以利于抗震。采用其他增层方式时，尚应注意由增层带来的结构刚度突变等不利影响，对刚度进行验算，必要时对原结构采取加固措施。

(3)多层内框架砖房结构上部增层。

当旧建筑为多层内框架结构时，上部增层不改变原有结构，其结构应与下部结构相同。内框架钢筋混凝土中柱、梁、砖壁柱设置至顶。对于这种类型的上部增层，抗震横墙的最大间距应符合《建筑抗震设计规范》(GB 50011—2010)的要求。普通砖或砌体可以在新增层的抗震纵横墙中使用。根据抗震规范要求，每层要设置钢筋混凝土圈梁，且房屋四角要设置抗震构造柱。此类型上部增层的可行性取决于原钢筋混凝土内柱和带壁柱砖砌体的承载能力及其补强加固的可能性。

对多层内框架砖房结构进行上部增层时，可根据需要在外墙设置钢筋混凝土附加柱，并且柱与梁的连接应根据构造铰接或刚接。在地震区，原框架的配筋及梁、柱节点必须满足抗震规范的要求，否则应在加固后进行加层。

(4)底层全框架结构上部增层。

当原建筑为底层全框架结构时，上部增层部分通常采用刚性砖混结构。由于上部增层增加了底层框架的垂直和水平荷载，对于经过复算可以满足增层要求的底层全框架结构，一般应设置抗震纵、横墙。其抗震横墙的最大间距应符合《建筑抗震设计规范》(GB 50011—2010)的要求。新增的抗震墙应在纵向和横向均匀对称布置，其第2层与底层侧移刚度的比值，在地震烈度为7度时不宜大于3，在地震烈度为8度和9度时不应大于2，新增的抗震墙应采用钢筋混凝土墙，并可靠地连接原框架。

对于在验证检查后不能满足增层承载力或抗震要求的底层全框架结构，也可采用口形刚架与原框架形成组合梁柱进行加固增层。值得注意的是，底层框架和上层砖混结构仅适用于非地震区；在地震区应采用底层为框架-剪力墙、上部为砖房的结构形式。

2) 内部增层

内部增层，是指在原建筑室内增加楼层或夹层的一种改造方式。它的特点是，可充分利用原建筑室内的空间，只需在室内增加承重构件，可利用原建筑屋盖及外墙等部分结构，保持原建筑立面。因此，内部增层是一种经济合理的方法。

对于具有空旷空间且为砖混结构的单层或多层建筑，如仓库、车间等，增层荷载可直接通过原结构传至原基础；也可以将新结构转移到新基础上，既可采用添加承重横墙或承重纵墙的方案，也可采用添加钢筋混凝土内框架或承重内柱的方案。还可以采用局部悬挑式或吊挂式以达到增层的目的，要求设计者根据原建筑的结构情况、抗震要求、使用要求等确定。当然，这类结构的侧向刚度较差，并且大多数旧墙在加层后不能承受所有的荷载，尤其是水平荷载。因此在平面功能容许的条件下，应适当地增加承重墙体和柱子，以合理地传递增层荷载，使新旧结构协同工作。在建筑底部一层采用室内增层时，室内增层结构可以与原建筑物完全脱开，并形成独立的结构体系。根据相关规范要求，新旧结构间应留有足够的缝隙，且最小缝宽宜为 100mm。常见的内部增层的基本形式有整体式、吊挂式、悬挑式三种。

(1) 整体式内部增层。

将内部新增的承重结构与原建筑结构连在一起共同承担增层后的总竖向荷载及水平荷载的方式即为整体式内部增层。它的优点是，可利用原建筑墙体、基础潜力和整体性好，有利于抗震；缺点是有时需对原建筑进行加固。

根据使用功能要求，可以采用利用原结构柱直接增设楼层梁的增层方法，将原建筑内部大空间改为多层，该种增层方法常用于局部增层，增层后荷载由原结构柱及其基础承担，大多需要进行加固处理。

(2) 吊挂式内部增层。

当原建筑内部净高较大，增层荷载较小，且在增层楼板平面内新旧结构连接不方便时，可以通过吊杆将增层荷载传递给上部的原结构梁、柱等，此即为吊挂式内部增层。吊挂式内部增层中的吊杆仅承受轴向拉力，可与原结构梁、柱可靠连接，并具备一定的转动能力。由于吊杆属于弹性支撑，因此在增层楼板与原建筑之间应留有一定的间隙，使得增层结构能够上下自由移动。

(3) 悬挑式内部增层。

当原建筑内部增层不允许立柱、立墙，又不宜采用吊挂结构时，可采用悬挑式内部增层。此方法主要应用于在大空间内部增加局部楼层面积，且该增层面积上的使用荷载也不宜太大。通常做法是利用内部原有周边的柱和剪力墙做悬挑梁，确保悬挑梁-柱和剪力墙有可靠连接且为刚性连接。此时，悬挑的跨度也不宜太大。由于悬挑楼层的所有附加荷载全都作用在原结构的柱和墙上，通常需要验算原有结构的基础及柱、墙的承载力，必要时需采取加强和加固措施。

（4）其他内部增层。

除上述三种内部增层方式外，内部增层还有以下两种情况：①因生产工艺改变，需在内部增设各种操作平台；②因使用功能改变，需在内部增加设备层。

3）外套增层

外套增层，是指在原建筑上外设外套结构进行增层，使增层的荷载基本上通过在原建筑外新增设的外套结构构件直接传给新设置的地基基础。当在原建筑上要求增加的层数较多，需改变建筑平面和立面布置，原承重结构及地基基础难以承受过多的增层荷载，且在施工过程中不能中止时，一般不能采用上部增层，通常采用外套增层。外套结构增层不仅可使原有土地上的建筑容积率增大几倍到几十倍，达到有效利用国土资源的目的，而且可使建筑造型与周围新建建筑相协调，达到对旧建筑进行现代化改造和更新的目的，能够提升城市现代化的整体水平，但进行增层的费用较高。根据与原建筑的连接情况，外套增层的基本形式主要有分离式、协同式两种。

（1）分离式外套增层。

分离式外套增层的结构形式主要有 11 种，如图 4-19 所示。

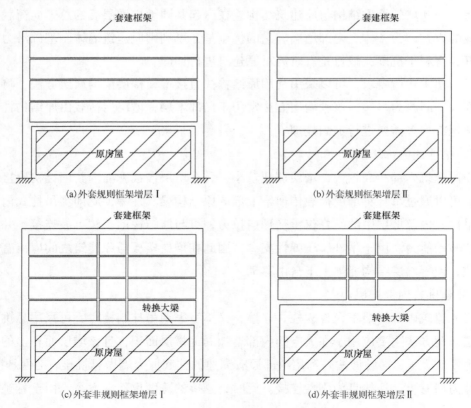

　　(a)外套规则框架增层Ⅰ　　　　　　　　　　(b)外套规则框架增层Ⅱ

　　(c)外套非规则框架增层Ⅰ　　　　　　　　　　(d)外套非规则框架增层Ⅱ

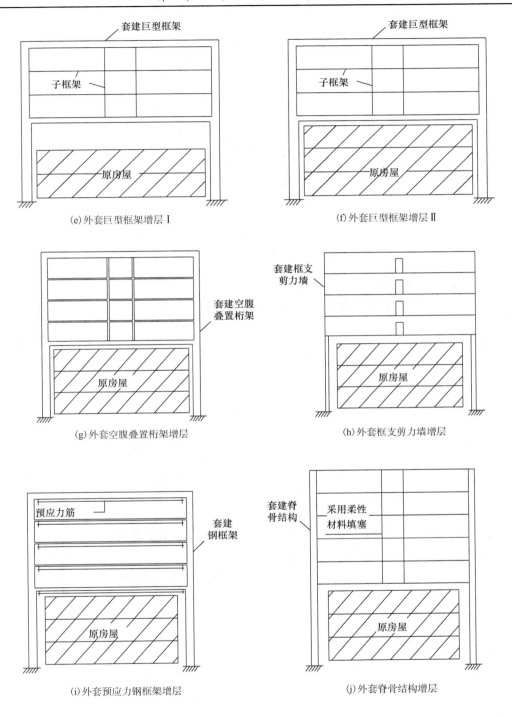

(e)外套巨型框架增层Ⅰ　　　　　　　　　　(f)外套巨型框架增层Ⅱ

(g)外套空腹叠置桁架增层　　　　　　　　　(h)外套框支剪力墙增层

(i)外套预应力钢框架增层　　　　　　　　　(j)外套脊骨结构增层

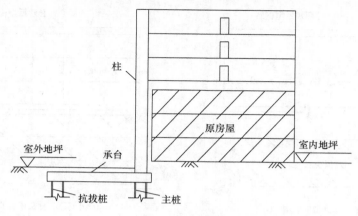

(k)外套大悬挑结构增层

图 4-19　分离式外套增层示意图

(2)协同式外套增层。

协同式外套增层的结构形式主要有 4 种，如图 4-20 所示。

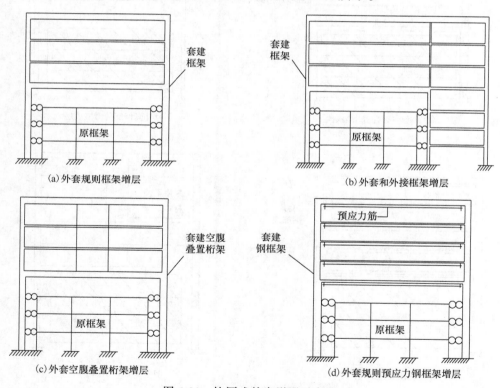

(a)外套规则框架增层　　　　　　　　　(b)外套和外接框架增层

(c)外套空腹叠置桁架增层　　　　　　　(d)外套规则预应力钢框架增层

图 4-20　协同式外套增层示意图

根据原有结构的特点、新增层数、抗震要求等因素，外套增层采用框架结构、框架-剪力墙结构或带筒体的框架-剪力墙结构等形式。一般来说，当原建筑为砌体结构时，多以分离式外套增层为主；当原建筑为钢筋混凝土结构时，多采用协同式外套增层。

4.3.3　内嵌式

旧建筑再生利用中内嵌的实质是指当原建筑室内净高较大时，可在室内内嵌新的建筑，它是在旧建筑室内增加楼层或夹层的一种方式，类似于内部增层，但又与内部增层不同的是，内嵌是在室内设置独立的承重抗震结构体系，新增结构与原有结构完全脱开(房中房形式)，如图 4-21 所示。

一般情况下，由于使用功能的要求，需要将原有大空间的房屋改建为多层，并在大空间内增加框架结构，通过内增框架将荷载直接传递给基础，且室内内增框架与原建筑完全断开。采用内嵌式时，由于新增部分结构与原建筑主体结构完全断开，可按新增结构与原有结构各自的结构体系分别进行承载力和变形的计算，无须考虑相互间的影响。新增结构与原有结构脱开，该形式结构的设计简图明确，可按一般新建建筑进行承载力和变形的计算。

4.3.4　下挖式

旧建筑再生利用中下挖的实质是指在不拆除原建筑、不破坏原环境以及保护文物的前提下，将原建筑进行地下空间开挖，以创造新的地下空间等，能够合理地解决新老建筑的结合和功能的拓展问题，如图 4-22 所示。常见的下挖基本形式主要有延伸式、水平扩展式、混合式三种。

图 4-21　内嵌式

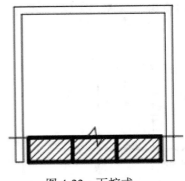

图 4-22　下挖式

1) 延伸式下挖

延伸式下挖，是将原建筑通过下挖直接在建筑底下向下延伸。这种方式虽然不占用原建筑周边的地下空间，但这种方式会受原建筑的限制，占地面积较小的建筑下挖后的使用功能将可能不太完美，而且造价会较高，如图 4-23 和图 4-24 所示。

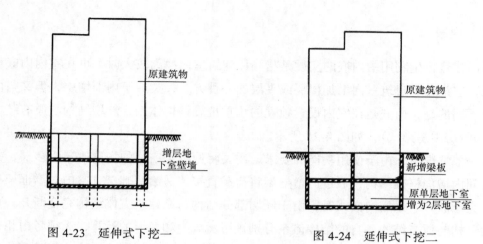

图 4-23　延伸式下挖一　　　　　　图 4-24　延伸式下挖二

2）水平扩展式下挖

水平扩展式下挖是为了充分利用原建筑周边的空地，将空地扩展为地下室。该方式需要占用原建筑周边的地下空间，并且很少受到建筑本身原有结构条件的限制，下挖空间根据周围的环境设计，相对于延伸式下挖成本较低。该方式通常将下挖和增层有机结合起来，可形成建筑的外扩式建筑结构，如图 4-25 所示。

3）混合式下挖

混合式下挖，是延伸式下挖和水平扩展式下挖的组合，既可以扩大原建筑自身的地下空间，也可利用原建筑周边的地下空间进行下挖。这种方式可以使建筑的地下空间宽敞，充分利用有效的地下空间资源，是一种较好的下挖方式，如图 4-26 所示。

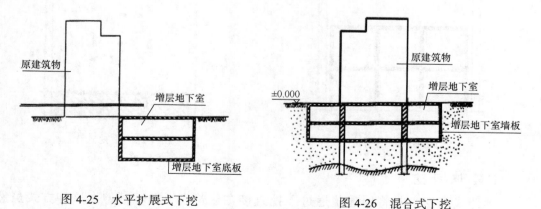

图 4-25　水平扩展式下挖　　　　　　图 4-26　混合式下挖

4.4　建筑节能设计

4.4.1　室内通风设计

在旧建筑再生利用过程中，为了保证清洁舒适的空气质量，需要对原建筑的通风状况进行合理的设计。常见的通风方式分为自然通风和机械通风两种。自然通风也叫被动通风，是指利用风压、热压作为驱动而迫使空气产生流动，它是一种既简单又经济有效的通风方式，不消耗动力，而且通风效果较好；机械通风是一种启动机械设备进行通风的方式，它需要消耗电力而产生动力，还常常产生噪声。因此，在进行建筑设计时，一般尽量利用自然通风，在没有自然通风条件或自然通风量不够时才考虑机械通风。

自然通风是通过空气的自然流动实现的，而空气的流动是因为压力差的存在，当建筑通风口两侧存在压力差时，空气就会从压力较高的一侧流向压力较低的一侧，从而形成自然通风，按照自然通风形成的机理，可将其分为热压通风、风压通风以及热压和风压共同作用通风。

1）热压通风

热压通风是指通过调节空气温度使空气密度产生差异，在地球重力的作用下，使高温空气向上运动，低温空气向下运动。当建筑空间的内部空气温度升高时，空气体积膨胀，密度变小而自然上升；室外空气温度相对较低，密度较大，便由外围护结构下部的门窗洞口进入室内，加速了室内热空气的流动。新鲜空气不断进入室内，污浊空气不断排出，如此循环，达到自然通风的目的。这种利用室内外冷热空气产生的压力差进行通风的方式，称为热压通风。在再生利用过程中，进行建筑设计时应尽量提高高侧窗（或天窗）的位置，降低侧窗的位置，以增加进排风口的高差，提高自然通风效率。

2）风压通风

当风吹向建筑物时，在建筑物迎风面上，由于空气流动受阻，速度减小，风的部分动能转变为静压，从而使建筑物迎风面上的压力大于大气压，形成正压区，在建筑物的背面、屋顶及两侧，由于气流的旋绕，根据单位时间流量相等的原理，风速加大，使这些面上的压力小于大气压，形成负压区。如果在建筑物的正、负压区都设有门窗口，气流就会从正压区流向室内，再从室内流向负压区，从而形成室内空气的流动，这就是风压通风。在再生利用过程中，尽量在常年风向的区位上迎风面和背风面处布置门窗，合理利用风压通风。

3）热压和风压共同作用通风

一般情况下，建筑的自然通风是由热压和风压共同作用的，只要室内外温度存在一定的差值、进排风口存在一定的高度差，建筑就存在热压通风。当风吹向建筑时，自然通风的气流状况比较复杂。当建筑迎风面的下部进风口和背风面的上部排风口处热压和风压的作用方向一致时，其进风量和排风量比热压单独作用时要大。当建筑迎风面的上部排风口和背风面的下部进风口处热压和风压的作用方向相反时，其进风量和排风量比热压单独作用时要小。

当风压小于热压时，迎风面的排风口仍可排风，但排风量减小；当风压等于热压时，迎风面的排风口停止排风，只能靠背风面的排风口排风；当风压大于热压时，迎风面的排风口不但不能排风，反而会灌风，压住上升的热气流，形成倒灌现象，使建筑内部的通风条件恶化。这时，必须根据风向来调节天窗的开与关，即关闭迎风面的天窗扇而打开背风面的天窗扇。

4.4.2 室内采光设计

在建筑中窗户是光线进入室内空间的主要通道，窗户按其位置主要划分为侧窗和天窗两种形式。旧建筑再生利用也不例外，主要通过侧面采光和顶部采光两种形式将光线引入室内，如图 4-27 和图 4-28 所示。室内自然采光的优化不仅仅是简单地增加窗户数量和面积，而是需要根据当地气候条件和室内空间的具体功能设置侧窗格参数。尤其当大多数旧建筑再生利用为办公场所时，其对于室内采光的需求较高，需要合理地布置侧窗和天窗。由于多层建筑中的底层利用顶部采光具有一定的局限性，因此，应将其侧面采光的优化改造作为再生利用的重点内容。

图 4-27　侧面采光形式　　　　　　　　　　图 4-28　顶部采光形式

1）侧面采光

侧面采光主要包括单侧窗采光和双侧窗采光。当建筑的进深较小或建筑空间只有一面外墙时，多采用单侧窗的采光方式，在这种采光方式下，光线由单一的方向进入室内，有利于空间内物体光影的营造，形成丰富的空间层次，但同时容易造成室内距侧窗较近的空间光线较强，进入室内远窗空间的光线减少较快，光线分布不均匀。双侧窗采光主要有相对的两面墙开窗或相邻的两面墙开窗，前一种采光形式主要用于大进深的空间，可以有效地避免单侧窗采光不均匀的状况，后一种采光形式对较大的采光亮度有一定的缓和作用，但对大进深的空间作用较小。

目前，侧窗采光是建筑最常用的采光方式，并且大部分采用单侧窗采光。除采光之外，侧窗还有通风、开阔视野的作用，侧窗的大小、形式、位置都会对建筑室内的自然光环境产生影响，另外，也可以通过设计建筑空间、增加采光辅助构件等来改善室内光环境，营造富有美感的空间，主要包括下列几种方式。

(1)将遮阳板与建筑造型相结合，这种设计手法不仅对建筑自然采光有利，而且能够丰富建筑外立面设计。

(2)利用绿色植物作为遮阳系统，在夏季植物生长茂盛时能够起到遮阳的作用，在冬季植物萧条时能够让阳光进入室内。

(3)利用百叶窗阻挡阳光，当拉下百叶时能遮挡阳光，当收起百叶时能开阔视野。

2)顶部采光

顶部采光指将采光口开设在屋顶，主要出现在单层建筑、多层建筑顶层房间和中庭的室内采光中，如图 4-29 所示，采用天窗采光的建筑室内的照度、均匀度较好，并可以提供较好的视觉感受，同时要注意的是避免进入室内的光照过多，导致室内获热过多，影响室内舒适度。一般来说，顶部采光主要用于中庭部分公共空间的采光，天窗的位置、平面形式、倾角等因素也会对建筑中庭部分室内自然采光的效果产生影响。

图 4-29　旧建筑再生利用顶部采光形式

4.4.3　室内保温隔热

对于大多数的旧建筑而言，其往往会存在保温较差、建筑墙体较薄、门窗密封性较差等问题，这些都是造成该类旧建筑再生利用后室内热环境舒适度较低的原因。而对于缺少保温措施的建筑，室内热环境往往受墙体热惰性的影响较大，即便采用空调等设备进行调节，冬天也会在冷辐射的作用下产生冷风，夏天从墙外传来的热辐射也会让人感到闷热，这样的环境严重影响了人们对室内热环境舒适度的体验，同时也会增加建筑运行的能耗，因此在对其进行再生利用时，外围护结构的保温隔热更新是十分必要的。而外围护结构分别由外墙、门窗和屋顶三个部分构成，这些部分的改造应该与建筑外立面改造同时进行。在满足审美及文脉延续的前提下，可以使用增设保温层等方式，减少建筑内外热能量的交换，达到保温节能的目的。

1) 外墙改造设计

根据数据统计，建筑外围护结构的传热占建筑总体的 70%～80%，同时在组成外围护结构的三个部分中，外墙占有最大的面积，是外围护结构中耗能最大的部分。由此可见，改善外墙的保温隔热性能对于建筑内部热环境舒适度的提升具有重要的意义。而外墙的保温隔热改造主要分为两个方面：保温层的设置和保温材料的选择。在对旧建筑外立面进行改造的过程中，应该首先对旧建筑进行充分的现状分析，然后选择合适的保温方式和保温材料来改善建筑外围护结构的保温效果，提高室内热环境的舒适度。

保温层的设置是提高既有建筑保温性能最有效的措施，而增设保温层所带来的附加效应也是十分明显的，不仅能够有效改善室内热环境的舒适度，对墙体起到保护作用，延长其使用寿命；并且能够防止由热胀冷缩造成的内力破坏，使结构更加稳定，且可以避免局部热桥现象的出现和杜绝潮气的渗透侵扰等。根据保温层在墙中设置的位置不同，保温方式可以分为外保温和内保温两种。

（1）外保温。

外保温指的是将保温层设置在围护结构外侧，主要应用于外墙装饰构件较少的建筑。由于主要在建筑外部进行施工，所以不影响建筑室内空间的正常使用。外保温基本上可以消除建筑各个部位的热桥影响，相对于内保温来说，采用较小厚度的保温层就能达到较好的保温隔热效果，因此外保温能够充分发挥轻质新型高效保温材料的作用。但是在改造过程中需要注意保温板的防水处理，一旦发生局部渗水，保温板会在冻融作用下发生破坏，所以一般会在保温板外侧铺设一层钢丝网，用水泥砂浆找平后涂刷防水涂料，除此之外，还应对雨水管等细部构件进行必要的调整。就整体的保温隔热效果而言，对建筑增设外保温面层有着巨大的优势，另外，还可以在一定程度上阻止外界环境对外围墙体的侵蚀，提高墙体的防潮性能，避免室内的墙体出现霉斑、结露等现象，又因保温材料铺贴于墙体外侧，避免了保温材料中的挥发性有害物质对室内环境的污染，进而创造出更舒适的室内环境。

(2)内保温。

内保温指的是将保温层设置在围护结构内侧，虽然实际的保温隔热效果略逊于外保温，但是由于其对饰面和保温材料的防水、耐候性等技术指标的要求较低，且施工不受室外气候的影响等优点，依然有着适用的场所，如一些要求外立面尽量被保护的建筑，或者是外墙材质较为特殊的建筑等。增设内保温面层的一般做法是：首先拆除室内墙体的装饰，然后铺设龙骨，在龙骨之间填充保温材料，表面采用石膏板等材料作为饰面，最后重新进行室内装修。然而内保温也存在缺点，一般而言保温材料以及面层具有一定的厚度，进行增设后室内的空间将会减小，会对室内的使用产生一定的影响。在进行内保温改造时，往往应同空调等设备体系同时进行更新，整体提升既有建筑室内空间的舒适性。

2)门窗改造设计

在外墙、门窗、屋顶三大结构中，门窗(包括玻璃幕墙)的热工性能最差，是建筑内外进行热交换最为活跃的场所。因此加强门窗的保温隔热性能、减少门窗的热损失，是改善室内热环境和提高建筑节能水平的重要环节。由于大多数旧建筑建成时间较长，门窗多为木制门窗或者单层钢制门窗，气密性较差，且门窗材料本身的导热系数较大，使之成为建筑外围护结构中最大的热桥部分，因此在对其进行再生利用时应重点考虑。门窗改造的基本原理是对门窗的占比、框材、玻璃、开启形式重新进行合理的配置，以达到减少空气渗透、降低热量损失的效果。

(1)合理的窗墙比。

在现代的大多数建筑设计中，立面往往采用较大的窗户，甚至采用玻璃幕墙的形式以达到新颖的效果。但是由于窗户本身的保温性能较差，并且保温层的安装较为困难，所以建筑的整体保温效果较差。因此在建筑外立面改造中，应尽量减少玻璃幕墙的使用，并按照规范要求，合理地控制窗墙比。在满足建筑形式美的前提下，尽量达到保温隔热的目的。

(2)增加气密性。

建筑门窗的气密性是指空气通过关闭状态下的门窗的性能，由于门窗在框与扇、扇与扇以及扇框与镶嵌材料之间都存在缝隙，如果不能加以密封，空气就会穿过这些缝隙，因此采用良好的密封材料对这些缝隙进行密封可以增加门窗的气密性，从而减少室外冷空气渗透造成的热交换损失。目前门窗四周边缘的密封大多采用密封条(橡胶、塑料、化学纤维等弹性好、耐久性好的产品)，如软塑料、毛条等，也可以采用密封膏等挤压固化的材料。门窗框与墙体之间的空隙则经常使用聚氨酯发泡体进行填充处理。

（3）采用新型门窗。

通过对常见窗框材料的性能及传热系数等数据进行分析，可以发现单一材料的窗框型材往往难以满足现代使用者的需求，并且伴随着科技的进步以及新型材料的出现，可选用导热系数较小的复合型材料作为窗框、扇料型材等主材，如铝木、铝塑等，以增加窗框型材的阻热能力，达到提高门窗保温性能的目的。

3）屋顶改造设计

屋顶作为建筑外围护结构的组成部分之一，具有遮风挡雨、保护室内环境的作用。而多数旧建筑建造年代较早，当时对于屋顶的保温隔热性能要求不高，造成了如今很多建筑顶层房间热环境舒适度较低、节能效果较差等问题，因此对屋顶进行保温隔热的改造是十分必要的。常见的屋顶保温隔热改造方案有加设保温层、架空隔热层及种植屋顶三种。

在原有屋面的基础上增加保温层时，应先去除原有建筑屋顶的保温隔热层，然后对屋面进行找平，最后铺设新的保温层，同时还应更新防水层的材料，改善建筑的使用性能。此外，还可以在更新屋面保温材料、铺设新的防水层之后，在上部铺设架空板，这种做法可以有效增加建筑顶部空间的保温隔热能力。还可以利用绿色植物的光合、蒸发作用，在屋顶种植地被植物和低矮的灌木，形成屋顶花园，这样的改造措施不仅可以减少太阳辐射对屋面的影响，还能丰富城市绿化，隔离噪声，改善地区微气候。

4）遮阳改造设计

通过分析自然光对建筑室内空间造成的影响可知，较好的自然采光能减少建筑照明及采暖产生的能耗，但是自然光的过多射入同样会引发很多问题，如在夏季导致室温较高、影响视觉舒适度等。这就要求我们在对旧建筑外立面进行改造时还要充分考虑建筑的遮阳问题，以减少太阳直接的辐射热进入室内而造成室内热环境的恶化，同时防止阳光直射产生眩光。通常遮阳方面的改造往往是结合建筑外立面进行统一设计的，以增强立面整体的艺术性。

（1）建筑自遮阳。利用建筑物自身形体的变化或者构件本身形成遮挡，使得建筑局部表面置于阴影区域之中。形成自遮阳的建筑形体与构件主要有凹凸错落变化的建筑形体、建筑屋顶挑檐、外廊出挑、雨棚等。

（2）按照遮阳的适应范围，建筑遮阳构件的基本形式可以分为五种类型：水平式遮阳、垂直式遮阳、综合式遮阳、挡板式遮阳和百叶式遮阳，见表 4-1。

表 4-1　遮阳构件的基本形式

基本类型	遮阳范围	适用范围	特点	示意图
水平式	能有效地遮挡高度角较大的、从窗口上方投射下来的阳光	宜布置在南向及接近南向的窗口上，或者布置在北回归线以南的北向及接近北向的窗口上	合理的遮阳板设计宽度及位置能非常有效地遮挡夏季日光，而让冬季日光最大限度地进入室内	
垂直式	能有效地遮挡高度角较小的、从窗侧面斜射过来的阳光	在东北、西北向墙面上设置比较理想	夏季太阳在西北方向落下，所以建筑物北面在傍晚如果有遮阳需要，垂直式遮阳是很好的选择	
综合式	能有效地遮挡中等高度角的、从窗前斜射下来的阳光，遮阳效果均匀	适用于东南向或西南向窗口遮阳，也适用于东北向或西北向窗口遮阳	可调节的综合式遮阳有更大的灵活性，上下水平遮阳和左右垂直遮阳可以根据环境和需求倾斜角度	
挡板式	能有效地遮挡高度角较小的、平射窗口的阳光	适用于东向、西向或接近该朝向的窗户	对视线和通风阻挡都比较严重，宜采用可活动或方便拆卸的挡板式遮阳形式	
百叶式	能有效遮挡大部分朝向的阳光	适用于大部分朝向的遮阳	有较大的灵活性	

思　考　题

4-1　建筑内部空间改造方法有哪些？

4-2　竖向空间重构形式有哪些？

4-3　水平空间重构形式有哪些？

4-4　建筑外立面改造方法有哪些？

4-5　外立面改造中选用新材料时，应注意哪些问题？

4-6　常用的外立面改造材料有哪些？

4-7　建筑结构改造形式有哪些？

4-8　内部增层改造的形式有哪些？

4-9　下挖的形式有哪些？

4-10　室内通风的形式有哪些？

参考答案-4

第 5 章　土木工程再生利用管网设计

5.1　给水管网系统设计

5.1.1　给水管网系统组成

给水管网系统一般由输水管(渠)、配水管网、水压调节设施(泵站、减压设施)及水量调节设施(清水池、水塔、高位水池)等组成。

1)输水管(渠)

输水管(渠)是指在较长距离内输送水量的管道或渠道,输水管(渠)一般不沿线向外供水,如从水厂将清水输送至供水区域的管道(渠道)、从供水管网向某大型用户供水的专线管道、区域给水系统中连接各区域管网的管道等。输水管道的常用材料有铸铁管、钢管、钢筋混凝土管、UPVC 管等,输水渠道一般由砖、砂、石、混凝土等材料砌筑而成。

2)配水管网

配水管网是指分布在供水区域内的配水管道网络。其功能是将来自较集中点(如输水管(渠)的末端或储水设施等)的水量分配输送到整个供水区域,使用户能从近处接管用水。

配水管网由主干管、干管、支管、连接管、分配管等构成。配水管网中还需要安装消火栓、阀门(闸阀、排气阀、泄水阀等)和检测仪表(压力仪表、流量仪表、水质检测仪表等)等附属设施,以保证消防供水和满足生产调度、故障处理、维护保养等管理需要。

3)泵站

泵站是输配水系统中的加压设施,一般由多台水泵并联组成。当水不能靠重力流动时,必须使用水泵对水流增加压力,以使水流有足够的能量克服管道内壁的摩擦阻力,在输配水系统中,还要求水被输送到用户用水地点后有符合用水压力要求的水压,以克服用水地点的高差及用户的管道系统与设备的水流阻力。

给水管网系统中的泵站有供水泵站和加压泵站两种形式。供水泵站一般位于水厂内部,将清水池中的水加压后送入输水管或配水管网。加压泵站则对远离水厂的供水区域或地形较高的区域进行加压,即实现多级加压。加压泵站一般从储水设施中吸水,也有部分加压泵站直接从管道中吸水，前一类属于间接加压泵站（也称为水库泵站），后一类属于直接加压泵站。

泵站内部以水泵机组为主体，由内部管道将其并联或串联起来，管道上设置阀门，以控制多台水泵灵活地组合运行，并便于水泵机组的拆装和检修。泵站内还应设有水流止回阀，必要时安装水锤消除器、多功能阀等，以保证水泵机组安全运行。

4）减压设施

减压设施是指用减压阀和节流孔板等降低和稳定输配水系统中局部区域水压的设施，用以避免水压过高造成管道或其他设施的漏水、爆裂和水锤破坏，并可提高用水的舒适感。

5）水量调节设施

水量调节设施有清水池（又称清水库）、水塔和高位水池等形式。其主要作用是调节供水与用水的流量差，也称调节构筑物。水量调节设施也可用于储存备用水量，以保证消防、检修、停电和事故等情况下的用水，提高系统的供水安全可靠性。

设在水厂内的清水池（清水库）是水处理系统与管网系统的衔接点，既为处理好的清水储存设施，也是管网系统中输配水的水源点。

5.1.2　给水管网系统类型

根据不同的分类方式，给水管网系统可以分为不同的类型，具体分类见表 5-1。

表 5-1　给水管网系统类型

分类方式	类型	特点
按水源数目分类	单水源给水管网系统	即只有一个清水池，清水经过泵站加压后进入输水管和管网，所有用户的用水来源于一个水厂清水池，多用于较小的给水管网系统
	多水源给水管网系统	即有多个水厂的清水池作为水源的给水管网系统，清水从不同的地点经输水管进入管网，用户的用水可以来源于不同的水厂，多用于较大的给水管网系统
按构成方式分类	统一给水管网系统	即系统中只有一个管网，管网不分区，统一供应生产、生活和消防等各类用水，其供水具有统一的水压
	分区给水管网系统	即将给水管网系统划分为多个区域，各区域管网具有独立的供水泵站，供水具有不同的水压。分区给水管网系统可以降低平均供水压力，避免局部水压过高的现象，减少爆管概率和泵站能量的浪费。管网分区包括两种：①串联分区，设多级泵站加压；②并联分区，具有不同压力要求的区域由不同泵站（或泵站中的不同水泵）供水
按输水方式分类	重力输水管网系统	即水源处地势较高，清水池（清水库）中的水依靠自身重力，经重力输水管进入管网并供用户使用。重力输水管网系统无动力消耗，是一类运行经济的输水管网系统
	压力输水管网系统	即清水池（清水库）的水由泵站加压送出，经输水管进入管网供用户使用，甚至要通过多级加压将水送至更远或更高处供用户使用

5.1.3　给水管网系统规划布置

1) 给水管网系统布置的原则

(1) 根据区域总体规划,结合实际情况布置给水管网,要进行多方案技术经济比较。

(2) 主次明确,先进行输水管(渠)与主干管布置,然后布置一般管线与设施。

(3) 尽量缩短管线长度,节约工程投资与运行管理费用。

(4) 协调好与其他管道、电缆和道路等工程的关系。

(5) 保证供水具有适当的安全可靠性。

(6) 尽量减少拆迁,少占农田。

(7) 规划时要考虑到使管渠的施工、运行和维护方便。

(8) 近远期结合,考虑分期实施的可能性,留有发展余地。

2) 给水管网系统布置的形式

给水管网可分为树枝状管网(图 5-1)和环状管网(图 5-2)两种形式。

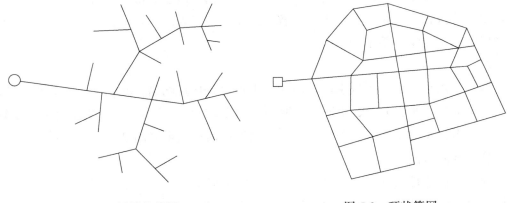

图 5-1　树枝状管网　　　　　　　　　图 5-2　环状管网

(1) 树枝状管网是指管网中干管与支管的布置犹如树干与树枝的关系。优点是管材省、投资少、构造简单。缺点是供水可靠性较差,任一段管线损坏则导致下游管线全部断水;在各支管末端水量很小,水流缓慢,甚至停滞不流动,并且水质容易变差。

这种管网布置形式一般适用于地形狭长、用水量不大、用户分散的区域;或在建设初期先用树枝状管网,再按发展规划形成环状管网。一般情况下,区域详细规划时是不单独选择水源地的,而是由邻近道路下面的城市给水管道供水,只考虑其最经济的入口。

(2) 环状管网是指供水干管间都用联络管互相连通起来,形成许多闭合的环。优点是每条管道均可保证由两个方向来水,供水安全可靠;可降低管网中的水头损失,节省动力,管径可稍减小;可减轻管内水锤的威胁,有利于管网的安全。缺点是环状管网的造价明显比树枝状管网高。

这种管网布置形式一般适用于对给水系统或供水要求较高的规模较大的区域。在实际使用中，为了发挥给水管网的输配水能力，并且达到安全可靠且适用经济的目的，常采用树枝状与环状相结合的管网，例如，在主要供水区采用环状管网，而在边远区可采用树枝状管网。

5.2　排水管网系统设计

5.2.1　排水管网系统组成

排水管网系统一般由废水收集设施、排水管网、排水调蓄池、提升泵站、废水输水管(渠)和废水排放口等构成。

1)废水收集设施

废水收集设施是排水系统的起始点。用户排出的废水一般直接排到用户的室外窨井，通过连接窨井的排水支管将废水收集到排水管道系统中。通过设在屋面或地面的雨水口将雨水收集到雨水排水支管。

2)排水管网

排水管网是指分布于排水区域内的排水管道(渠道)网络，其功能是将收集到的污水、废水和雨水等输送到处理地点或排放口，以便集中处理或排放。排水管网由支管、干管、主干管及附属构筑物等构成，一般顺沿地面高程由高向低布置成树枝状网络。

3)排水调蓄池

排水调蓄池是指具有一定容积的污水、废水或雨水储存设施，用于调节排水管网接收流量与输水量或处理水量的差值。通过排水调蓄池可以降低其下游的高峰排水流量，从而减小输水管(渠)或排水处理设施的设计规模，降低工程造价。

排水调蓄池还可在系统发生事故时储存短时间排水量，以降低造成环境污染的危险。排水调蓄池也能起到均和水质的作用，特别是工业废水，不同工厂或不同车间的排水水质不同，不同时段排水的水质也会变化，不利于净化处理，排水调蓄池可以中和酸碱，均化水质。

4)提升泵站

提升泵站是指通过水泵提升排水的高程而增加排水输送的能量的设施。排水在重力输送过程中，高程不断降低，当地面较平坦时，输送一定距离后管道的埋深会很大，建设费用很高，通过水泵提升排水高程可以降低管道埋深以降低工程费用。另外，为使排水能够进入处理构筑物或达到排放的高程，也需要进行提升或加压。

提升泵站根据需要设置,对于较大规模的管网或需要长距离输送时,可能需要设置多座提升泵站。

5)废水输水管(渠)

废水输水管(渠)是指长距离输送废水的管道或渠道。为了保护环境,排水处理设施往往建在离城市较远的地区,排放口也选在远离城市的水体下游,都需要长距离输送。

6)废水排放口

排水管道的末端是废水排放口,与接纳废水的水体连接。为了保证废水排放口的稳定,或者使废水能够比较均匀地与接纳水体混合,需要合理设置废水排放口。

5.2.2　排水体制

生活污水、工业废水和雨水等的收集与排除方式称为排水体制。排水体制一般可分为分流制和合流制两种基本类型。

1)分流制排水系统

分流制排水系统是将生活污水、工业废水和雨水分别在两套或两套以上管道(渠道)系统内排放的排水系统。其中汇集输送生活污水和工业废水的排水系统称为污水排水系统;排除雨水的排水系统称为雨水排水系统;只排除工业废水的排水系统称为工业废水排水系统。分流制排水系统又分为完全分流制排水系统和不完全分流制排水系统。

(1)完全分流制排水系统。

完全分流制排水系统是指在排水区域内具有污水排水系统和雨水排水系统,如图 5-3 所示。完全分流制排水系统卫生情况好,管内水利条件也较佳,但初期投资较大,可以通过分期建设来减少一次投资。

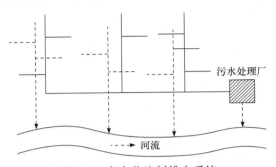

图 5-3　完全分流制排水系统

(2)不完全分流制排水系统。

不完全分流制排水系统是指在排水区域内只设污水排水系统而不设雨水排水系

统，雨水沿街道边沟或明渠排入水体，如图 5-4 所示。不完全分流制排水系统与完全分流制排水系统相比，较为经济，但需具有有利地形时才能采用。一般会在区域发展初期采用不完全分流制排水系统，先解决污水排除问题，随着区域发展和完善，将不完全分流制排水系统改造为完全分流制排水系统。

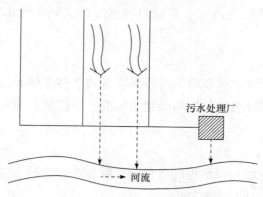

图 5-4　不完全分流制排水系统

2) 合流制排水系统

合流制排水系统是将生活污水、工业废水和雨水混合在同一管道(渠道)系统内排放的排水系统。早期很多地区都采用这种排水系统，排除的混合污水不经处理直接就近排入水体。合流制排水系统又可分为直排式合流制排水系统、截流式合流制排水系统与完全式合流制排水系统。

(1)直排式合流制排水系统。

这种系统的布置就近坡向水体，有若干排出口，混合的污水未经处理直接排入水体，如图 5-5 所示。采用这种系统时，街道下只有一条排水管道，因而管网建设比较经济。许多老旧城区大多采用的是这种排水体制。由于直流式合流制排水系统对水体污染严重，目前不宜采用。

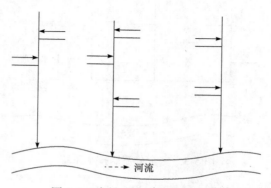

图 5-5　直排式合流制排水系统

(2)截流式合流制排水系统。

这种系统是在沿河的岸边敷设一条截流干管,同时在截流干管上设置溢流井,并在下游设置污水处理厂,如图 5-6 所示。污水与雨水合流后排向沿河的截流干管,不降雨时,污水被截流干管截流到污水处理厂进行处理后排放,从而减轻了对水体的污染。降雨时,污水和雨水被截流干管截流,送到污水处理厂进行处理后排放;随着管内流量增大,当管内流量超过一定限度时,超出的流量将通过溢流井溢入河道中。这种排水体制比直排式合流制排水系统有了较大的改进,但在雨天时,仍有部分混合污水未经处理而直接排放,成为水体的污染源而使水体遭受污染。目前截流式合流制排水系统比较适用于对老旧城区的直排式合流制排水系统的改造。

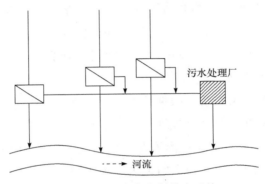

图 5-6　截流式合流制排水系统

(3)完全式合流制排水系统。

这种系统是将污水和雨水合流于一条管渠,全部送往污水处理厂进行处理,如图 5-7 所示。采用这种系统时,街道下只有一条排水管道,因而管网建设比较经济。完全式合流制排水系统对保护环境非常有利,但是几种污水汇集后都流入污水处理厂,使污水处理厂的规模过大、投资过多、建设困难,污水处理厂的运行管理不便。不降

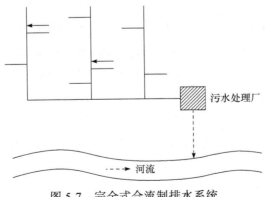

图 5-7　完全式合流制排水系统

雨时，排水管内水量较小，管中水力条件较差，如果直接排入水体极不卫生，目前国内采用完全式合流制排水系统的很少。

5.2.3　排水管网系统规划布置

1）排水管网系统布置的原则

（1）按照区域总体规划，结合实际情况布置排水管网，要进行多方案技术经济比较。

（2）先确定排水区域和排水体制，然后布置排水管网，应按从干管到支管的顺序进行布置。

（3）充分利用地形，采用重力流排除污水和雨水，并使管线最短、埋深最小。

（4）协调好与其他管道、电缆和道路等工程的关系，考虑好与内部管网的衔接。

（5）规划时要考虑到使管渠的施工、运行和维护方便。

（6）远近期规划相结合，考虑发展，尽可能安排分期实施。

2）排水管网系统布置的形式

排水管网一般布置成树枝状，根据地形、竖向规划、污水处理厂的位置、土壤条件、河流情况以及污水种类和污染程度等，有多种平面布置形式。

（1）正交式布置。排水干管与地形等高线垂直，主干管与地形等高线平行敷设。正交式布置适用于地形平坦略向一边倾斜地区的雨水制排水系统。

（2）截流式布置。沿河岸敷设主干管，并将各干管的污水截流到污水处理厂。截流式布置能减轻水体的污染，改善和保护环境，适用于分流制排水系统、区域排水系统和截流式合流制排水系统。

（3）平行式布置。排水干管与地形等高线平行，主干管与地形等高线成一定斜角敷设。平行式布置可改善干管的水利条件，减少跌水井的数量，降低工程总造价。平行式布置适用于地形坡度较大的地区。

（4）分区式布置。高区的污水靠重力流入污水处理厂，低区的污水用水泵送入污水处理厂。分区式布置能够充分利用地形排水，节省能源，适用于地势相差较大的地区。

（5）分散式布置。在区域周围有流域或区域中央部分地势高、地势向四周倾斜的地区，各排水流域的干管常采用辐射状分散布置，各排水流域具有独立的排水系统。分散式布置适用于地形平坦的地区。

（6）环绕式布置。由分散式布置发展而来，沿四周布置主干管，将各干管的污水截流送往污水处理厂。环绕式布置能节省建造污水处理厂的用地，基建投资和运行管理费用也比较节省。

5.3　供电管网系统设计

5.3.1　供电管网系统的组成和分类

供电管网系统是由电源系统和输配电系统组成的产生电能并将其供应和输送给用电设备的系统。按系统接线布置方式可分为放射式、干线式、环式及两端电源供电式等接线系统；按运行方式可分为开式和闭式接线系统；按对负荷供电可靠性的要求可分为无备用和有备用接线系统。

5.3.2　供电管网系统规划布置

1. 供电管网布置的依据

(1)供电管网有关资料：原有区域供电管网的总体供电能力，有功功率、无功功率，电力、电量平衡情况，各种典型日、月、季、年负荷曲线，电网结构，电压等级，变电站布局，主网和配网的结线，线路走向，原有规划发展方向及存在的问题。

(2)原有用电负荷情况：原有负荷年最高值、最低值、平均值、年用电量，有功功率、无功功率需求情况，有无缺电、限电等情况，最近的过去几年负荷的发展变化情况等。

(3)用户负荷计划、规划：区域各规划建筑的发展计划、用电需求、有无重大项目安排计划、有无特殊要求等。

(4)区域规划发展情况：整个区域建设的近、中、远期的总体布局，包括各个功能区如工业区、商业区、文化区、教育区、居民区等的规划发展安排。

(5)供电管网所在电力系统的发展规划：供电管网的电力依靠所在的电力系统来供应，供电管网要与其电力系统同步发展，要与整个电力系统的发展建设规划相结合。

2. 供电管网布置的内容

1)变电站布置

在选择变电站站址方案时，需事先勘查变电站的供电负荷对象、负荷分布、供电要求。变电站站址的选择必须适应电力系统发展规划和布局的要求，尽可能地接近主要用户，靠近负荷中心。这样既减少了输配电线路的投资和电能的损耗，又降低了事故发生的概率，同时可避免由于站址远离负荷中心而带来的其他问题。

(1)合理布局地区电源。应考虑区域原有电源、新建电源以及计划建设电源情况，使区域电源和变电站不集中在一侧，以便电源布局分散。

(2)高低压各侧进出线方便。应考虑各级电压出线的走廊，不仅要使送电线能进得来走得出，而且要使送电线路交叉跨越少、转角少。

(3)选址地形、地貌及土地面积应满足区域近期建设和远期发展要求。在选择站址时，不仅要贯彻节约用地的精神，而且要结合具体工程条件，采取多种布置方案(如阶梯布置、高型布置等)，因地制宜地适应地形、地势，充分利用坡地、丘陵地。

(4)站址所处地质条件应适宜，不能出现内涝；确定站址时，应考虑其与邻近设施的相互影响。

2)架空电力线路布置

(1)应根据区域地形、地貌特点和道路网规划，沿道路、河渠、绿化带架设。路径做到短捷、顺直，减少与道路、河流、铁路等的交叉，避免跨越建筑物；架空电力线路跨越或接近建筑物的安全距离，应符合下列规定。

① 在导线最大计算弧垂情况下，1～330kV 架空电力线路导线与建筑物之间的最小垂直距离见表 5-2。

表 5-2　1～330kV 架空电力线路导线与建筑物之间的最小垂直距离(在导线最大计算弧垂情况下)

线路电压/kV	1～10	35	66～110	220	330
最小垂直距离/m	3.0	4.0	5.0	6.0	7.0

② 在最大计算风偏情况下，架空电力线路导线与建筑物之间的最小安全距离见表 5-3。

表 5-3　架空电力线路导线与建筑物之间的最小安全距离(在最大计算风偏情况下)

线路电压/kV	<1	1～10	35	66～110	220	330
最小安全距离/m	1.0	1.5	3.0	4.0	5.0	6.0

(2)对 35kV 及以上的高压架空电力线路应规划专用通道，并应加以保护。中、低压架空电力线路应同杆架设，做到一杆多用。

(3)规划新建的 66kV 及以上的高压架空电力线路不应穿越市中心地区或重要风景旅游区。

(4)宜避开空气严重污秽区或有爆炸危险品的建筑物、堆场、仓库，否则应采取防护措施。

(5)应满足防洪、抗震要求。

3)地下电缆布置

(1)地下电缆线路的路径选择除应符合国家现行标准《电力工程电缆设计标准》

(GB 50217—2018)的有关规定外，还应根据道路网规划，与道路走向相结合，应保证地下电缆线路与城市其他市政公用工程管线间的安全距离。

(2)应根据地下电缆线路的电压等级、最终敷设电缆的根数、施工条件、一次投资、资金来源等因素，经技术经济比较后确定敷设方案。

(3)经技术经济比较后，合理且必要时，宜采用地下共用通道。同一路段上的各级电压电缆线路宜同沟敷设。

(4)当同一路径电缆根数不多，且不超过 6 根时，在城市人行道下、公园绿地、建筑物的边沿地带或城市郊区等不易经常开挖的地段，宜采用直埋敷设方式。直埋电力电缆之间及直埋电力电缆与控制电缆、通信电缆、地下管沟、道路、建筑物、构筑物、树木等之间的最小安全距离见表 5-4。

表 5-4　直埋电力电缆之间及直埋电力电缆与控制电缆、通信电缆、地下管沟、道路、建筑物、构筑物、树木等之间的最小安全距离　　　　　（单位：m）

项目	平行	交叉
建筑物、构筑物基础	0.50	—
电杆基础	0.60	—
乔木树主干	1.50	—
灌木丛	0.50	—
10kV 以上的电力电缆之间，以及 10kV 及以下的电力电缆与控制电缆之间	0.25(0.10)	0.50(0.25)
通信电缆	0.50(0.10)	0.50(0.25)
热力管沟	2.00	(0.50)
水管、压缩空气管	1.00(0.25)	0.50(0.25)

注：①表中所列安全距离，应自各种设施(包括防护外层)的外缘算起。②路灯电缆与道路灌木丛的平行安全距离不限。③表中括号内数字指局部地段电缆穿管，加隔板保护或加热层保护后允许的最小安全距离。④电缆与水管、压缩空气管平行，电缆与管道标高差不大于 0.5m 时，平行安全距离可减小至 0.5m。

(5)在地下水位较高的地方和不宜直埋且无机动荷载的人行道等处，当同路径敷设电缆根数不多时，可采用浅槽敷设方式；当电缆根数较多或需要分期敷设而开挖不便时，宜采用电缆沟敷设方式。

(6)在地下电缆与公路、铁路、城市道路交叉处，或地下电缆需通过小型建筑物及广场区段，当电缆根数较多，且为 6～20 根时，宜采用排管敷设方式。

(7)当同一路径地下电缆数量在 30 根以上，经技术经济比较合理时，可采用电缆隧道敷设方式。

5.4　供热管网系统设计

5.4.1　供热管网系统的组成和分类

供热管网系统是指由热源向热用户输送和分配供热介质的管线系统，主要由热源至热力站及热力站至热用户之间的管道、管道附件和管道支座组成。

(1)根据热源与管网之间的关系，供热管网可分为区域式和统一式。区域式管网仅与一个热源相连，只服务此热源所及的区域。统一式管网则与所有热源相连，热用户可以从任一热源获得热能供给，管网也允许所有热源共同工作。显然，统一式管网供热的可靠性高，但系统较为复杂。

(2)根据热媒介质的不同，供热管网可分为蒸汽管网、热水管网和混合式管网三种。一般情况下，从热源到热力站的管网多采用蒸汽管网，而从热力站向民用建筑供暖的管网更多采用热水管网。

(3)根据热用户对介质的使用情况，供热管网可分为开式和闭式。在开式管网中，热用户可以使用供热介质，如蒸汽和热水，系统必须不断补充新的热介质。在闭式管网中，热介质只许在系统内部循环，不供给热用户，系统只需补充运行过程中泄漏损失的少量介质。

(4)根据管路上敷设的管道数目，供热管网可分为单管制、双管制和多管制。单管制管网在一条管路上只有一根输送热介质的管道，没有供介质回流的管道，此类型主要用于热用户对介质用量稳定的开式管网中。双管制管网在一条管路上有一根输送热介质管道的同时，还有一根介质回流管，此类型较多用于闭式管网中。对于热用户种类多、对介质需用工况要求复杂的供热管网，一般采用多管制，多管制管网网路复杂，投资较大，管理也较困难。

5.4.2　供热管网系统布置形式

供热管网的布置形式按平面布置类型可分为枝状管网和环状管网两种。

1)枝状管网

枝状管网是呈树枝状布置的形式。枝状管网布置简单，供热管道的直径随与热源距离的增大而逐渐减小。管道的金属耗量小，建设投资小，运行管理方便，但枝状管网不具有后备供热能力。当供热管网某处发生故障时，在故障点后的热用户都将停止供热。因此，枝状管网一般适用于规模较小且允许短时间停止供热的热用户。枝状管网又有单级枝状管网和两级枝状管网两种形式。

(1)单级枝状管网。从热源出发经供热管网直接到各热用户，如图 5-8 所示。

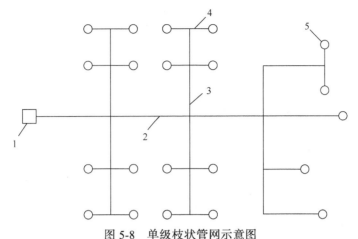

图 5-8　单级枝状管网示意图

1-热源；2-主干线；3-支干线；4-热用户支线；5-热用户

(2)两级枝状管网。由热源至热力站或区域锅炉房的供热管网称为一级网；由热力站或区域锅炉房至热用户的供热管网统称为二级网，如图 5-9 所示。

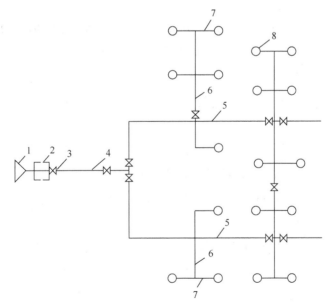

图 5-9　两级枝状管网示意图

1-热电厂；2-锅炉房；3-阀门；4-总干管；5-干管；6-支干管；7-支管；8-热力站

2)环状管网

环状管网是由两个以上的热源所组成的集中供热系统，如图 5-10 所示。环状管网的主干管互相连通，供热能力高，还可以根据热用户热负荷的变化情况，经济合理地调配供热热源的数量和供热量，但管径比枝状管网大，消耗钢材多，造价高。

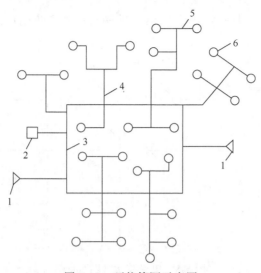

图 5-10　环状管网示意图

1-热电厂；2-锅炉房；3-环状管网；4-支干线；5-分支干线；6-热力站

5.4.3　供热管网系统规划布置

1）供热管网的平面布置

(1)主要干管应力求短直并靠近大型热用户和热负荷集中的地区,避免长距离穿越没有热负荷的地段。

(2)供热管道要尽量避开主要交通干道和繁华街道。

(3)供热管道要避开土质松软地区、地震断裂带、滑坡危险地带以及高地下水位区等不利地段。

(4)供热管道通常敷设在道路的一侧,或者敷设在人行道下面。尽量少敷设横穿街道的引入管,尽可能使相邻建筑物的供热管道相互连接。

(5)供热管道穿越河流或大型渠道时,可随桥架设或单独设置管桥,也可采用虹吸管由河底(或渠道)通过。

(6)供热管道与其他管道平行敷设或交叉时,为保证各种管道均能方便地敷设、运行和维修,供热管道和其他管道之间应留有必要的距离。

2）供热管网的竖向布置

(1)地沟管线敷设深度最好浅一些,以减少土方工程量。为了避免沟盖受汽车等动荷载的直接压力,地沟的埋深即自地面到沟盖顶面不少于0.5m。当地下水位高或其他地下管线相交情况极其复杂时,允许采用较小的埋设深度,但不少于0.3m。

(2)供热管道埋设在绿化地带时,埋深应大于 0.3m。供热管网土建结构顶面至铁路路轨底间的最小净距为 1.0m,与电车路基底间的最小净距为 0.75m,与公路路面基础间的最小净距为 0.7m;跨越有永久路面的公路时,供热管网应敷设在通行或半通行的地沟中。

(3)供热管道与其他地下设备相交叉时，应在不同的水平面上互相通过。

(4)地上供热管道与街道或铁路交叉时，管道与地面之间应保留足够的距离，此距离应根据不同运输类型所需高度尺寸来确定：汽车运输时为 3.5m，电车运输时为 4.5m，火车运输时为 6.0m。

(5)地下敷设时必须注意地下水位，沟底的标高应高于近 30 年来最高地下水位 0.2m 以上，在没有准确的地下水位资料时，应高于已知最高地下水位 0.5m 以上，否则地沟要进行防水处理。

(6)热力管道和电缆之间的最小净距为 0.5m，当电缆地带的土壤受热的附加温度在任何季节都不大于 10℃且热力管道有专门的保温层时，可减小此净距。

(7)横过河流时，目前广泛采用悬吊式人行桥梁和河底管沟方式。

5.5 燃气管网系统设计

5.5.1 燃气供应系统组成

燃气供应系统由气源、输配系统和应用系统等部分组成，如图 5-11 所示。

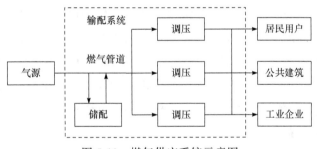

图 5-11 燃气供应系统示意图

1)气源

气源，即燃气的来源，目前常用的气源有天然气、人工煤气、液化天然气和生物气等。

2)输配系统

输配系统由气源到用户之间的一系列燃气输送和分配设施组成，一般由门站、燃气管道、储气设施、调压设施、运行管理设施和监控系统等组成。

3)应用系统

应用系统是区域燃气管网的重要设施，其主要作用是将输配系统与用户相连，主要由入户管、燃气表和燃具等组成。

5.5.2 燃气管网系统组成和分类

燃气管网系统可以将门站的燃气输送至各储气站、调压设施、燃气用户，并保证沿途输气安全可靠。

1)燃气管网系统分类

燃气管网可按输气压力、敷设方式、用途等加以分类。

(1)按输气压力分类。燃气管道可分为高压燃气管道、次高压燃气管道、中压燃气管道和低压燃气管道。

(2)按敷设方式分类。燃气管道可分为地下燃气管道和架空燃气管道。

(3)按用途分类。燃气管道可分为长距离输气管道、城镇燃气管道和工业企业燃气管道。

2)燃气管网系统分级

根据所采用的管网压力级制不同，可分为单级、两级、三级和多级管网系统。

(1)单级管网系统。

单级管网系统指只采用一个压力等级(低压或中压)来输送、分配和供应燃气的管网系统。其输配能力有限，仅适用于规模较小的区域。

(2)两级管网系统。

两级管网系统指采用两个压力等级来输送、分配和供应燃气的管网系统，包括中低压和高低压管网系统两种。中低压管网系统由于管网承压低，可能采用铸铁管以节省钢材，但不能通过大幅度升高压力来提高管网通过能力，因此对发展的适应性较小。高低压管网系统因高压部分采用钢管，所以供应规模扩大时可提高管网的运行压力，灵活性较大，但耗用钢材较多，并要求有较大的安全距离。

(3)三级管网系统。

三级管网系统指由低压、中压和次高压或高压三级组成的燃气管网系统，主要适用于供应范围大、供应量大，并需要较远距离输送燃气的场合，可节省管网系统的建设投资。

(4)多级管网系统。

多级管网系统指由低压、中压、次高压和高压等多级组成的燃气管网系统。一般是在三级管网系统的基础上，再增设超高压管道环，从而形成四级、五级等多级管网系统。

5.5.3 燃气管网系统规划布置

1)燃气管网系统布置的原则

(1)应结合区域总体规划和有关专业规划，以远近结合、近期为主的方针布置燃气管网。

(2)应考虑管网布置的施工难度和建成后运行管理、维修的方便性。

(3)应尽量靠近用户，提高其工程经济性和供气稳定性。

(4)应减少穿越、跨越河流、水域、铁路和其他市政设施等，以减少工程投资。

(5)为确保供气可靠性，一般各级管网应成环布置。

(6)钢制燃气管道应尽量避免与高压电缆平行敷设，以避免感应的电场对管道的腐蚀。

2)燃气管网系统布置的依据

(1)输气管道中燃气的压力。

(2)区域道路地下其他管道设施、构筑物的密集程度与布置情况等。

(3)区域道路的现状和规划，如道路交通量和路面结构情况、运输干线的分布情况。

(4)所输送燃气的含湿量，必要的管道坡度，道路地形的变化情况。

(5)与该管道相连接的用户数量及用气量情况，该管道是主要管道还是次要管道。

(6)线路上所遇到的障碍物情况。

(7)土壤性质、腐蚀性能、地下水位及冰冻线深度等。

(8)该管道在施工、运行和发生故障时，对周围交通和居民生活的影响。

(9)根据输配系统各级管网的输气压力不同,设置对应的设施并使其满足防火安全的要求。

3)燃气管网的平面布置

(1)低压管道的平面布置。

① 低压管道的输气压力低，沿程压力降的允许值也较低，故低压干管成环时边长一般控制在 300~600m。

② 为保证和提高低压管道的供气可靠性,给低压管道供气的相邻调压站之间的管道应成环布置。

③ 有条件时低压管道应尽可能布置在街坊内兼作庭院管道，以节省投资。

④ 低压管道可以沿街道的一侧敷设，也可以双侧敷设。例如，在有轨电车通行的街道上，当街道宽度大于 20m、横穿街道的支管过多或输配气量较大、限于条件不允许敷设大口径管道时，低压管道可采用双侧敷设。

⑤ 低压管道应按规划道路布线，并应与道路轴线或建筑物的前沿相平行，尽可能避免在高级路面下敷设。

⑥ 地下燃气管道不得从建筑物下面穿过，不得在堆积易燃、易爆材料和具有腐蚀性液体的场地下面穿越；并不能与其他管线或电缆同沟敷设。当需要同沟敷设时，必须采取防护措施。

(2)次高压、中压管道的平面布置。

① 次高压管道宜布置在区域边缘或区域内有足够埋管安全距离的地带,并应连接成环,以提高供气的可靠性。

② 中压管道应布置在用气区便于与低压环网连接的规划道路上,但应尽量避免沿车辆来往频繁或闹市区的主要交通干线敷设,否则会对管道施工和管理维修造成困难。

③ 中压管网应布置成环网,以提高其输气和配气的可靠性。

④ 次高压、中压管道的布置应考虑对大型用户直接供气的可能性,并应使管道通过这些地区时尽量靠近这类用户,以利于缩短连接支管的长度。

⑤ 次高压、中压管道的布置应考虑调压站的布点位置,尽量使管道靠近各调压站,以缩短连接支管的长度。

⑥ 从气源厂连接次高压或中压管网的管道应尽量采用双管敷设。

⑦ 对于由次高压、中压管道直接供气的大型用户,用户支管末端必须考虑设置专用调压站。

⑧ 为便于管道管理、维修或接新管时切断气源,次高压、中压管道在气源厂的出口、储配站和调压站的进出口、分支管的起点、重要的河流、铁路两侧等处装设阀门,并且应设置分段阀门,一般每公里设一个阀门。

⑨ 次高压、中压管道应尽量避免穿越铁路或河流等大型障碍物,以减少工程量和投资。

⑩ 次高压、中压管道是输配系统的输气和配气主要干线,必须综合考虑近期建设与长期规划的关系,以延长已经敷设的管道的有效使用年限,尽量减少建成后改线、扩大管径或增设双线的工程量。

⑪ 当次高压、中压管网初期建设的实际条件只允许布置成半环形或枝状管网时,应根据发展规划使之与规划环网有机联系,防止以后出现不合理的管网布局。

(3)高压管道的平面布置。

① 高压管道宜布置在城市边缘。高压管道不应通过军事设施、易燃易爆仓库、国家重点文物保护单位的安全保护区、飞机场、火车站、海(河)、港码头等。当受条件限制必须进入或通过上述区域时,必须采用安全防护措施并遵守当地的有关规定。

② 高压管道宜采用地下敷设,当个别地段需要采用架空敷设时,必须采取安全防护措施。

③ 高压管道宜布置在规划道路上,并应避开居民点和商业密集区。

④ 高压管道受条件限制需进入四级地区时,应遵守《城镇燃气设计规范(2020版)》(GB 50028—2006)的规定。

⑤ 对于直接供气的集中负荷,应尽量缩短用户支管的长度。

⑥ 对于多级高压管网系统,各级管网间应有两条或以上的连通干管,并宜相对均匀布置。

4)燃气管网的纵断面布置

(1)地下燃气管道的敷设。

地下燃气管道的埋深主要考虑地面动荷载,特别是车辆重荷载的影响以及冰冻线对管内输送燃气中可凝物的影响。因此管道埋设的覆土厚度(路面至管顶)应符合下列要求。

① 埋设在车行道下时,不得小于 0.9m。

② 埋设在非车行道(含人行道)下时,不得小于 0.6m。

③ 埋设在庭院(指绿化地及载货汽车不能进入之地)内时,不得小于 0.3m。

④ 埋设在水田下时,不得小于 0.8m。

注:当采取行之有效的防护措施后,上述规定均可适当降低。输送湿燃气的管道,应埋设在土壤冰冻线以下。

地下燃气管道与其他相邻管道或构筑物之间的最小垂直净距见表 5-5。

表 5-5　地下燃气管道与其他相邻管道或构筑物之间的最小垂直净距　　(单位:m)

项目		地下燃气管道(当有套管时,以套管计)
给水管、排水管或其他燃气管道		0.15
热力管的管沟底(或顶)		0.15
电缆	直埋	0.50
	在导管内	0.15
铁路轨底		1.20
有轨电车轨底		1.00

(2)架空燃气管道的敷设。

室外架空的燃气管道可沿建筑物外墙和支柱敷设。当采用支柱敷设时,应符合下列要求。

① 中压和低压燃气管道可沿建筑耐火等级不低于二级的住宅或公共建筑的外墙敷设;次高压 B、中压和低压燃气管道可沿建筑耐火等级不低于二级的丁、戊类生产厂房的外墙敷设。

② 沿建筑物外墙的燃气管道距住宅或公共建筑物中不应敷设燃气管道的房间门窗洞口的净距:中压管道不应小于 0.5m,低压管道不应小于 0.3m。燃气管道距生产厂房建筑物门窗洞口的净距不限。

③ 架空燃气管道与铁路、道路、其他管线交叉时的最小垂直净距见表 5-6。

表 5-6　架空燃气管道与铁路、道路、其他管线交叉时的最小垂直净距　　（单位：m）

项目		燃气管道下	燃气管道上
铁路轨顶		6.0	—
城市道路路面		5.5	—
厂区道路路面		5.0	—
人行道路路面		2.2	—
架空电力线电压	≤3kV	—	1.5
	3～10kV	—	3.0
	35～66kV	—	4.0
其他管道管径	≤300mm	同管道直径，但不小于 0.10	同左
	>300mm	0.30	0.30

注：①在保证安全的情况下，厂区内部的燃气管道管底至道路路面的垂直净距可取 4.5m；管底至铁路轨顶的垂直净距可取 5.5m。在车辆和人行道以外的地区，可在从地面到管底高度不小于 0.35m 的低支柱上敷设燃气管道。②电气机车铁路除外。③架空电力线与燃气管道的交叉垂直净距尚应考虑导线的最大垂度。

(3)管道的坡度及排水器的设置。

在输送湿燃气的管道中，不可避免有冷凝水或轻质油，为了排出出现的液体，需在管道低处设置排水器，各排水器之间的间距一般不大于 500m。燃气管道应有不小于 0.003 的坡度，且坡向排水器。

(4)燃气管道穿越其他管道。

在一般情况下，燃气管道不得穿越其他管道本身，当因特殊情况需要穿过其他大断面管道(污水干管、雨水干管、热力管沟等)时，需征得有关方面同意，同时燃气管道必须安装在钢套管内。

思　考　题

5-1　给水管网系统的组成有哪些？

5-2　给水管网系统的类型有哪些？

5-3　给水管网系统布置的原则有哪些？

5-4　排水管网系统的组成有哪些？

5-5　排水管网系统布置的形式有哪些？

5-6　供电管网系统的组成和分类有哪些?

5-7　供电管网布置的依据有哪些?

5-8　供热管网系统的组成和分类有哪些?

5-9　供热管网平面布置的要求有哪些?

5-10　燃气管网系统的组成和分类有哪些?

5-11　燃气管网系统布置的原则有哪些?

参考答案-5

第6章 土木工程再生利用环境设计

6.1 绿化工程设计

绿化工程设计是指针对一定的地域范围，对运用艺术和工程技术手段等创作建成的美的自然、生活、游憩境域进行栽种植物以改善环境的活动。在土木工程再生利用进程日渐加快的当下，进行绿化工程建设已经成为土木工程绿色再生和绿色发展的关键，可以有效改善区域环境、增强绿化面积，让整个土木工程再生利用的绿化系统更具生机和活力。

6.1.1 绿化设计的原则

1）以人为本的原则

以人为本是指创造舒适宜人的可人环境，体现人为生态，人是景观的使用者。因此首先考虑使用者的要求、做好总体布局，提高环境质量等方面的功能要求。

2）以绿为主的原则

以绿为主是指最大限度地提高绿化率，体现自然生态。设计中主要以植物造景为主，在绿地中配置高大的乔木、茂密的灌木，营造出令人心旷神怡的环境。

3）因地制宜的原则

因地制宜是植物造景的根本，因地制宜应是适地适树、适景适树。选择适生树种和乡土树种，做到宜树则树，宜花则花，宜草则草，充分反映出地方特色，只有这样，才能做到最经济、最节约，也能使植物发挥出最大的生态效益，起到事半功倍的效果。

4）崇尚自然的原则

崇尚自然是指寻求人与自然的和谐，纵观古今中外，都以接近自然、回归自然作为设计原则，贯穿于整个土木工程再生利用的设计与建造中。只有在有限的生活空间中利用自然、师法自然，寻求人与建筑小品、山水、植物之间的和谐共处，才能使环境融于自然，达到人与自然的和谐。

6.1.2 绿化设计的作用

1）延长建筑使用寿命

由混凝土组成的屋顶比热容很小，容易在吸收大量的热量后温度升高，也容易在放热后温度降低。而昼夜温度差的变化加上自然风化会使屋顶构造材料遭到破坏，从而导致屋顶漏水。屋顶绿化后可缓解冷热冲击，既保护了屋顶不易被腐蚀和风化，又解决了渗漏和屋面闷热的问题。此外，能够大幅度降低建筑能耗，有效减少传热量，保护屋顶结构和延长防水层的使用寿命。德国的研究资料表明：绿化覆盖下的屋顶的寿命通常是 40~50 年，而裸露屋顶的寿命只有 25 年左右。

2）促进节能减排

立体绿化的植物能调节城市的温度、湿度，同时植物通过光合作用还能吸收 CO_2、释放氧气，植物藤叶有吸附 SO_2 等污染物、阻滞尘埃、净化大气等作用；此外，立体绿化的植物由于生长地势较高，与地面植物相比，对城市大气的净化作用具有更丰富的空间层次，可以发挥更大的调节作用。

3）缓解温室效应和热岛效应

研究表明，完全裸露的墙面在夏季比有爬山虎等植被覆盖的墙面温度要高 3~5℃，室内温度要高 2~4℃；还有研究表明，午后西晒时，有绿化植被覆盖的墙面比裸露的墙面温度低 13~15℃。联合国环境规划署的相关研究显示，当城市屋顶的绿化率达 70%时，城区 CO_2 量将下降 80%，城市热岛效应会完全消失。

4）增加城市绿化面积

随着城市建设的快速发展，国内外许多城市的园林绿化发展与用地之间的矛盾日渐突出，而屋顶绿化等方式不占用土地，有效地节约了寸土寸金的城市土地资源，还增加了城市绿化面积，不仅能增加建筑美感，而且能增加建筑的季节感，使城市更加美观，更具亲和力。利用立体绿化可以使建筑更有特色，提高了一座城市的品位，起到了很好的社会宣传作用；并且可以减少粉尘，降低噪声，储蓄雨水，缓解洪水，增加空间绿化景观，美化环境。

5）降低经济投资

立体绿化节约了规划的绿化用地，在用地紧张的城市里，节约土地就等于节约资源和成本，具有很大的经济价值。立体绿化的植物本身一般都具有一定的经济价值，很多植物都可以入药或者是其他工业的原料，如立体绿化常用的啤酒花是制啤酒不可或缺的原料之一；地锦的茎可入药，果可酿酒；金银花自古被誉为清热解毒的良药；葡萄、猕猴桃的果可以食用；等等。因为立体绿化的主要作用是改善绿化和提高观赏性，而且种植量不大，所以这些经济价值常常被忽略。

6.1.3　绿化设计的内容

随着当今中国经济的发展与建筑技术的日益成熟，建筑在整个区域总量中的占比越来越大，城市对绿化景观的需求也相应地由传统的地面景观向空中与地面共同景观的模式转变。一般情况下，根据空间范围进行划分，绿化设计可分为平面绿化设计和立体绿化设计两种。

1) 平面绿化设计

平面绿化设计是一种较为常见的绿化设计方式，不单单是指水平区域内某一点的绿化设计方式，而是一种针对平面空间范围内的绿化设计方式。传统的平面绿化最早可追溯至公元前六世纪采用阶梯形种植的古巴比伦王国的空中花园，当今平面绿化技术措施在原理上与古巴比伦空中花园的绿化技术异曲同工，在构造做法上具有植物种类完善、构造措施与建筑一体化等优势，并随着技术的发展解决了耐穿刺、防水等技术难题，为木本植物和草本植物的组合种植提供了可能。

(1) 园路植物。

为确保园路的平坦性，需要采用规则式的配置方式设计园路植物。在植物类型的选择上，通常选用观花乔木，并且其下用花、灌木进行陪衬，提高整个区域色彩的丰富性。如果主路的前方是建筑物，可在主路两旁种植各种植物，以突出建筑的主体性。除此之外，在蜿蜒曲折的道路两旁配置植物的过程中，应突出道路植物配置的自然性和天然性，如图 6-1 所示。

(2) 水体植物。

在设计和规划过程中，由于水池是水体的主要表现形式，为了使其起到良好的点缀作用，需要通过对植物形态的独特设置，将植物的个性表现出来，或是借助植物的作用分割水面空间，从而提高植物配置的层次感和空间感，如图 6-2 所示。

图 6-1　园路植物　　　　　　　　　　　图 6-2　水体植物

2) 立体绿化设计

立体绿化设计是指充分利用不同的立地条件，选择攀缘植物及其他植物栽植并将其依附或者铺贴于各种构筑物及其他空间结构上的绿化方式。立体绿化是一个整体的概念，它的形式可以是墙面绿化、阳台绿化、花架绿化、棚架绿化、栅栏绿化、坡面绿化、屋顶绿化、室内绿化等。选择立体绿化植物时，必须考虑不同习性的植物对环境条件的不同需要，根据不同种类植物本身特有的习性，选择与创造满足其生长的条件，并根据植物的观赏效果和功能要求进行设计。

（1）墙面绿化。

墙面绿化是人们在建筑墙体、围墙、桥柱、阳台、窗台等处进行垂面式绿化，从而改善城市生态环境的一种举措；是人们应对城市化进程加快、城市人口膨胀、土地供应紧张、城市热岛效应日益严重等一系列社会、环境问题而发展起来的一项高新技术。与传统的平面绿化相比，墙面绿化有更大的空间，让"混凝土森林"变成真正的绿色天然森林，是人们在绿化概念上从二维空间向三维空间的一次飞跃，成为未来绿化的一种新趋势，如图 6-3 所示。根据墙面绿化的不同方式，可分为六种类型。

图 6-3　墙面绿化

① 模块式。

模块式指利用模块化构件种植植物以实现墙面绿化，将方块形、菱形、圆形等几何单体构件，通过合理搭接或绑缚固定在不锈钢或木质等骨架上，形成各种景观效果。模块式墙面绿化可以按模块中的植物和植物图案预先栽培养护数月后进行安装，寿命较长，适用于大面积高难度的墙面绿化，对墙面景观的营造效果最好。

② 铺贴式。

铺贴式指在墙面上直接铺贴植物生长基质或模块，形成一个墙面种植平面系统。铺贴式墙面绿化具有如下特点：可以将植物在墙体上进行自由设计或进行图案组合；直接附加在墙面上，无须另外做钢架，并通过自来水和雨水浇灌，降低了建造成本；系统总厚度薄，只有 10～15cm，并且还具有防水、阻根功能，有利于保护建（构）筑物，延长其寿命；易施工，效果好；等等。

③ 攀爬或垂吊式。

攀爬或垂吊式指在墙面上种植攀爬或垂吊的藤本植物，如种植爬山虎、络石、常春藤、扶芳藤、绿萝等。这类绿化形式简便易行、造价较低、透光透气性好。

④ 摆花式。

摆花式指在不锈钢、钢筋混凝土或其他材料等做成的垂面架中安装盆花以实现立体绿化。这种墙面绿化方式与模块式相似，安装拆卸方便。选用的植物以时花为主，适用于临时墙面绿化或竖立花坛造景。

⑤ 布袋式。

布袋式指在铺贴式墙面绿化系统基础上发展起来的一种工艺系统。这一工艺是首先在做好防水处理的墙面上直接铺设软性植物生长载体，如毛毡、椰丝纤维、无纺布等，然后在这些载体上缝制装填有植物生长载体及基材的布袋，最后在布袋内种植植物，实现墙面绿化。

⑥ 板槽式。

板槽式指在墙面上按一定的距离安装 V 形板槽，在板槽内填装轻质的种植基质，然后在基质上种植各种植物。

(2) 棚架绿化。

棚架绿化指在一定空间范围内，借助于各种形式、各种构件将攀缘植物组成景观的一种立体绿化形式，如图 6-4 和图 6-5 所示。棚架绿化的植物布置与棚架的功能和结构有关：①棚架从功能上可分为经济型和观赏型。经济型的棚架选用植物类（如葫芦、茑萝等）或生产类（如葡萄、丝瓜等），而观赏型的棚架则选用开花观叶、观果的植物。②棚架的结构不同，选用的植物也应不同。砖石或混凝土结构的棚架，可选择种植大型藤本植物，如紫藤、凌霄等；竹、绳结构的棚架，可种植草本的攀缘植物，如牵牛花、啤酒花等；混合结构的棚架，可采用草、木本攀缘植物结合种植。

图 6-4　景观棚架绿化

图 6-5　步行街棚架绿化

（3）篱笆（栅栏）绿化。

篱笆（栅栏）绿化指植物借助各种构件攀缘生长，是用以维护和划分空间区域的绿化形式，如图 6-6 和图 6-7 所示，其主要作用是分隔道路与庭院、创造幽静的环境或保护建筑物和花木不受破坏。栽植的间距以 1～2m 为宜。若是临时做围墙栏杆，栽植间距可适当加大。若一般装饰性栏杆的高度在 50cm 以下，则不需种植攀缘植物。而保护性栏杆的高度一般在 80～90cm，可选用常绿或观花的攀缘植物，如藤本月季、金银花、蔷薇类等，也可以选用一年生藤本植物，如牵牛花、茑萝等。

图 6-6　围栏绿化　　　　　　　　　　图 6-7　护栏绿化

（4）坡面绿化。

坡面绿化指以环境保护和工程建设为目的，利用各种植物材料来保护具有一定落差的坡面的绿化形式，如图 6-8 和图 6-9 所示。坡面绿化应注意两点：①河、湖护坡有一面临水、空间开阔的特点，应选择耐湿、抗风、有气生根且叶片较大的攀缘类植物，不仅能覆盖边坡，还可减少雨水的冲刷，防止水土流失；②道路、桥梁两侧坡地绿化应选择吸尘、防噪、抗污染，不影响行人及车辆安全，并且姿态优美的植物。

图 6-8　人行道坡面绿化　　　　　　　图 6-9　市政坡面绿化

（5）屋顶绿化。

屋顶绿化不单单是在屋顶种植绿化植物的一种绿化方式，还包括露台、天台、阳台、地下车库顶部、立交桥等一切不与地面、自然、土壤相连接的各类建筑物和构筑物的特殊空间的绿化。它是人们根据建筑屋顶的结构特点、荷载和屋顶上的生态环境条件，选择生长习性与之相适应的植物材料，通过一定技艺，在建筑物顶部及一切特殊空间内建造绿色景观的一种形式。屋顶绿化有多种形式，主角是绿化植物，多用花灌木建造屋顶花园，实现四季花卉搭配，如图 6-10 和图 6-11 所示。

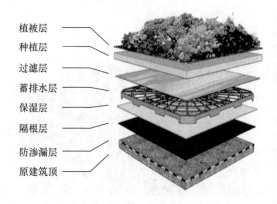

图 6-10 屋顶绿化分层示意图　　　　图 6-11 城市屋顶绿化

（6）室内绿化。

室内绿化指利用植物与其他构件以立体的方式装饰室内空间，如图 6-12 和图 6-13 所示。室内绿化的主要方式有悬挂、花搁架、高花架、室内植物墙等方式。

图 6-12 室内隔屏绿化　　　　图 6-13 室内景观绿化小品

① 悬挂。

可将盆钵、框架或具有装饰性的花篮，悬挂在窗下、门厅、门侧、柜旁，并在篮中放置吊兰、常春藤及枝叶下垂的植物。

② 花搁架。

将花搁板镶嵌于墙上，上面可以放置一些枝叶下垂的花木，在沙发侧上方、门旁墙面上，均可安放花搁架。

③ 高花架。

高花架占地少，易搬动，灵活方便，并且可将花木升高，弥补空间绿化的不足，它是室内绿化理想的器具。

④ 室内植物墙。

主要选择多年生常绿草本及常绿灌木，依据光照条件适当选择开花类草、木本进行搭配，要求能保持四季常绿，花叶共赏。

6.2　水体工程设计

水体工程设计对土木工程再生利用具有深远的意义，水体工程设计不仅能带来独特的景观格局，还能连接社会、文化、经济、生态与环境，在社会-自然-经济复合型生态系统中为一项必不可少的因素。

6.2.1　水体设计的原则

1）注重生态的原则

在进行水体设计时，首先应当明确水体的基本功能，并结合其他功能需求进行空间环境设计，高效率地运用水，减少水资源消耗。水体的基本功能就是带给人美的感受，成为人视线的焦点，提供人们观赏、戏水、娱乐与健身的场所，所以水体设计首先要满足艺术美感。在设计中尽量采用多种手段，引用不同的水体类型，如戏水池、喷泉、溪涧等，丰富景观空间的使用功能。水体不仅具有审美价值，水体本身也具有调节小气候的功能，可以吸尘降噪，净化空气，调节空气温度和湿度。特别是喷泉喷射的液滴小颗粒含有大量的负氧离子，人在其中可以感到心情放松，使空气清新，环境宜人。在现代景观环境中，特别是在北方浮尘物多，空气的湿度不够，大面积的水体设计可以有效地调节环境湿度和温度，改善小气候的生态环境，稳定环境气温。

2）整体设计的原则

水体设计要求全面地设计人类整体的水体生态系统，而不是孤立地设计某一水体景观元素。水体设计要充分体现水的艺术功能和观赏特性，并与整个景观相协调统一。因而水体设计要想达到预期的景观效果，首先要研究环境因素与地理条件，从而确定水体的类型，在平面设计上要使水的形态美观、平衡、匀称，做到既有利于造景又有利于水的维护，体现水的变化性；其次要因地制宜，量力而行，自成特色，不可千篇一律，实现与环境相协调，形成和谐的构图关系，使空间层次丰富和谐；最后应设计、核定好日后的运营、维护、保洁、净化以及投入成本等问题，以免带来后患，弄巧成拙。

3）因地制宜的原则

水体设计应从因地制宜、综合利用、综合治理的原则出发，要符合所处地的环境以及地域文化。主要表现在：尊重地方文化以及地域特点，并且要逐渐适应所处地的地域自然环境，在设计过程中，应以节省空间、符合周围建筑特色为主；要以当地的建材、植物等为材料，创造出具有自然特性和文化特性等特征的水体景观，从而突出该地的地方文化以及地域特征。

4）生物多样性原则

水体需要结合自然进行规划设计，并使生物多样性得到尊重和维护，生物的多样性就是水体设计最深层的含义。其中包括保护原有的生物生活环境以及创造新的生物生活环境，保护再生利用项目区域内具有地带性特征的植物群落。在发展水体生态的同时，也应保护好水生动植物及其生存居住环境。

5）安全性原则

在日常生活中，水可以满足我们对它的依赖性，相反水的破坏力也是非常惊人的。因此在进行水体设计时，首先要明确水体的功能，考虑水体的安全性。水体一般以观赏、嬉水、为水生植物和动物提供生存环境的形式出现。在设计中要考虑人与水的亲近关系，适宜的水深才能形成和谐的生存环境。一般嬉水型的水景多会增加人们的参与性，如果该类型的水过深，有可能导致儿童发生溺水的危险；如果水的深度过浅，反而又会降低水体自身的净污能力，使水质恶化，破坏生态环境。所以在进行水体设计时，要充分考虑以上情况，对特定的水体景观设置相应的防护措施。可采取设置护栏、地面防滑处理、水岸边沿加宽坡度等措施，既保护了人们使用的安全性，又保证了水质的净化。

6.2.2 水体设计的作用

1）小范围改善环境质量

喷泉产生的液滴小颗粒在空气中运动，不仅能够增加该区域空气环境的湿度，吸附空气中的尘埃，在液滴与空气分子发生碰撞的时候还会产生大量对人体有益的负氧离子。

2）具有较强的生态作用

当水体达到一定数量、占据一定空间、水面扩展时，由于水体的辐射性质、热容量和导热率不同于陆地，改变了水面与大气间的热交换和水分交换，使水域附近的气温变化和缓、湿度增加，导致水域附近的局部小气候变得更加宜人，更加适合某些植物生长。

3）调节局部小气候和温度

水在蒸发情况下，将吸收大量的热，有水的地方局部气温相对低 $0.5\sim0.7℃$，因此水体可以适当地调节周边环境温度。

4）建设多样性河流

河流是生物生态系统中不可缺少的一个门类。在环境设计过程中，设计师会依据河流的自然形态进行划分，保留河流水体的生物多样性，有效地避免水土流失，并维持河床与河岸的生态性。在建设河流的过程中，可以运用一些木桩、芦苇等护坡植物或其他天然环保材料，对规划中的河流边坡进行防护。

5）增加人工湿地

人工湿地是目前相对比较常见的人造景观，部分湿地在现有的河道形态基础上进行改造或重新布置而成，也有部分湿地完全是由人工开凿的，实现的是全新的湿地景观。人工湿地作为水生态系统中极为重要的一种表现形式，对于恢复河道景观生态性、增加动植物多样性发挥着重要的作用。在景观规划设计的过程中，通过布置植物、动物以及人工浮岛等组合景观，可以形成优美的湿地环境。各种动植物和水体在同一个湿地环境中组合搭配，形成一个全新且完整的生态系统，既可以满足人们的视觉需求，也有着生态净水作用。

6.2.3　水体设计的内容

1. 人工水体设计的形式

人工水体是指经过人为加工和改造后建成的水体，人工水体的作用主要是景观观赏。在进行水体设计的时候，一定要让水流动起来，而不要设计成一潭死水，流动的水体才符合自然界水的存在形态，才能形成一个稳定的生态系统，在具体设计时，根据规划的水面大小，合理地将喷水、流水、落水和静水几种水的形态运用到设计的水体中。

1）喷水

喷水在人工水体设计中是很重要的一环，喷水不但能使我们欣赏到水的动之美，而且喷水自然产生的曝气充氧过程会增加水中的溶解氧，对水质的处理能够起到不错的生态效果。喷水的形式多样，可以在设计中灵活运用。

2）流水

流水是人工水体设计中常用到的过渡和线状设计的水体形式，是自然界中河流的缩小版，它不断与外界进行物质和能量的交换，水体中的细菌、浮游植物、浮游动物、有根植物、底栖动物等达成了一种生态平衡。流水在我们的设计中，常常能起到很好地净化水质的作用，例如，在水源水质有异味的情况下，先进行较长水道的流水设计，则最终进入静水水体的水质会大为改善。流水有自然式溪流和规则式水渠两种方式，自然式溪流的设计并不是一成不变的，障碍物的布置和流速的改变都是很重要的部分；规则式水渠通常能够与周围的景观风格达成一致。

3）落水

落水能起到自然充氧、净化水质的作用，而且能改善周围环境的空气质量，在人工水体设计中，要充分利用地形的落差来设计落水。落水有瀑布、水帘和叠水等多种形式。瀑布可大可小，在设计的时候要注意计算好水量和动力，以免不能达到理想效果。

4）静水

静水是人工水体设计中常见的一种类型，同时也是需要重点注意的部分。静水的水质通常比较难于保持，要合理配置各种能起到净化作用的水生动植物以及微生物，以便达到生态持续的目的。无论是规则式静水还是自然式静水，在设计的时候，水体的岸线都不能有死角的出现，要确定好排水出路，根据实际情况确定防渗防洪方案，不能将静水设计成死水。对于一些较大的水面，要设计岛、桥、堤、洲等，以便划分水面，增加水面的景深和层次，扩大空间感。

2. 自然水体设计的形式

主要从水体循环、水体平面形态、水体驳岸、水体深度和水生植物五大方面来考虑自然水体设计技术手法，具体见表6-1。

表6-1　自然水体设计技术手法分析

手法	内容
水体循环设计	包括场地内水体与场地外水体循环设计和场地内部的水体循环设计
水体平面形态设计	重点设计湖、湾、畔、岬、离岛、半岛六要素
水体驳岸设计	根据水文和水流条件，进行生态驳岸设计、自然驳岸设计或人工驳岸设计；考虑驳岸植物配置
水体深度设计	根据水体实际情况，将水体设计为深水区域、浅水区域和浅滩区域，以满足不同的功能需求
水生植物设计	选择乡土树种；合理搭配沉水植物、浮水植物、挺水植物和湿生植物

1）水体循环设计

水是自然界中不断进行循环的物质。水体循环设计主要包含两方面内容：一方面是场地内水体与场地外水体循环设计；另一方面是场地内部的水体循环设计。

（1）场地内水体与场地外水体循环设计的首要手法是水体连通法。水体连通法主要是让场地内的水体与附近的河流或湖泊进行连通，保持水的自由性和流动性。水体连通法尽量采用天然河流进行连接，当人工开挖小河流时，需在地形的基础上，利用水的动力开挖生态河流。同时，考虑到交通和经济发展的需要，在开挖生态河流的局部地段，可以设置地下河，这样既保证了水的连通性，也保证了场地内水体与场地外水体进行良好的天然循环。

（2）场地内部的水体循环设计可根据当地的实际情况，主要考虑场地单个水体内部的循环。当只有一个水体时，可将其分成一个大水体和一个小水体。大水体水位较低，小水体水位较高，使小水体流向大水体，保证单个水体内部的循环。同时，场地内部的水体循环设计也需要考虑水体与雨水的关系。雨水是我国大部分地区的主要水体补给来源，对雨水的充分利用可以很好地解决场地的水体问题。场地雨水收集包括场地周边的建筑雨水收集、场地周边的雨水排水管收集、场地周边经过处理后或经过自然净化后的（土、石头、植物）污水收集。同时，雨水在各户的蓄留、在公共设施的蓄留、在广场的蓄留、在公园的蓄留、在停车场的蓄留均可借助地形排放到场地水体中。

2）水体平面形态设计

水体具有自然属性，流动性是水体的天然属性。水的自由和灵动带给自然纯洁和安全。自然水体的平面形态主要有湖、湾、畔、岬、离岛、半岛六要素。

湖是水体平面中聚积的大片水域，湖的面积较大，供多种生物生存；湖在水体深度中主要为深水区，为深水区的生物提供越冬和产卵的场所。

湾是水流弯曲的地方，面积根据实际情况可大可小；湾为小生物提供避难所，适合多数小生物的生存。

畔主要考虑水深，只与水深有关；畔所在的水深均属于浅水，一般水深在30cm 内。

岬与湾相交相融，岬指伸向水中的陆地，通常由水浪淤积下来的砂粒或砾石所组成，岬为生物提供了良好的交流场所。

离岛指远离主体的岛屿，离岛上包含小型植被和小面积的湿地塘，这既为生物提供了良好的栖息场所，也为水体景观提供了对景。

半岛指陆地的一半伸入湖中，另一半与陆地相连的地貌状态，它的其余三面被水包围，半岛是生物进入水体的前沿阵地。

3）水体驳岸设计

（1）生态驳岸设计。

生态驳岸设计需要遵循稳定性、生态性和景观性三原则。稳定性指驳岸的护岸功能，能满足岸坡的安全性和稳定性，岸边植物不仅具有发达的根系和茂密的枝叶，更能有效地团结坡面土壤，实现驳岸的安全性。生态性指驳岸能为水体和陆地动植物提供一定的生态连接通道，同时具有稳定的自然生态性。景观性指驳岸使人、水和生物之间具有微妙的关系，设计建设一个植被葱郁的人性化的水陆交错带，使人便于与水和生物亲近，进而创造水、生物和人在一个边缘生态环境中相融共生的美好场景。

（2）自然驳岸设计。

自然驳岸设计的根本思路是采用大自然本身的力量来处理人与自然的和谐共生问题。在水流情况和水文情况非特殊的情况下，首先采用自然驳岸设计的手法。自然驳岸设计时为了保证其水体岸线的稳定，应更多地利用耐水、喜水乔木和水生、湿生植物，以更好地预防水土流失。同时在场地空间相对富裕的条件下，自然驳岸设计时可以采用平缓的驳岸形式，平缓驳岸虽然占用空间较大，但能较好地保证绿地和水体的过渡衔接，营造湿生植物的生长环境，促进水体系统和陆地系统的平衡和稳定，为生物的多样性提供更好的自然空间。同时岸线的水生和湿生植物可以过滤水体中的污染物和杂质体，净化公园水体，并创造宜人的水体景观。

（3）人工驳岸设计。

在水流情况和水文情况相对特殊的情况下，一般采用人工驳岸设计的手法。虽是人工驳岸，也需要采用生态驳岸设计的三原则，使人工驳岸达到最高的生态效益。通常手法为采用比常水位低的蜂巢网箱或砌体来保障人工驳岸的稳定性。当部分水域由于我国季节性气候降水差异而导致水位落差较大时，此水域适宜采用分层性人工自然驳岸。同时，人工驳岸的低层自然驳岸不仅要满足低水位的要求，更要构造自然孔隙，在自然孔隙中植入沉水植物或树枝，这种设计能使生物有效地隐藏在孔隙或沉水植物中，使水体、生物和绿地紧密联系形成一体，构造成为一个完整的生态系统。

（4）驳岸植物配置。

一般采用根系比较发达的植物配置驳岸，有利于预防驳岸的水土流失，保持驳岸结构的稳定性。同时，驳岸植物对驳岸还有美化作用，与周围外观更具协调性，也能与附近环境有较高的契合度。在堤岸边侧宜种植若干乔木，乔木既可以保持水土，也可以形成地区标志，把人们自然性地吸引到水体空间中。驳岸附近种植部分花草，既软化了硬直的岸线，也很好地表达了季节感。另外，如果需要采用人工材料植物，最好使用可降解的绿色环保材料或自然有机材料，保证水体与绿地形成有机联系。

4) 水体深度设计

水体深度设计的首要目标是保证水体的稳定或正常流动,其次是要促进水体生物的多样性。根据不同的水体深度可以将水体分为三个区域:深水区域、浅水区域和浅滩区域。不同区域对水生生物有不同的生态功能。

(1) 深水区域的水体深度通常为 2.0~4.0m,该区域一般距水岸较远,常处于湖心区位置,主要作用是为深水区的鱼类提供越冬和产卵的场所,同时还包括一些洄游性鱼类的洄游通道。

(2) 浅水区域的水体深度通常为 0.3~2.0m,该区域是各类水体动植物活动最多、最频繁的区域,同时,该区域在水体面积中所占的比例最大,一般为 50%以上。浅水区域是各类水生植物生长的场所,包括沉水植物、挺水植物、浮水植物、浮叶植物和漂浮植物等。浅水区域为各类植物创造出复杂多样的水体场所,为水生昆虫和浮游动物等提供了良好的生存环境。因此,浅水区域是鱼类获取食物的最佳区域,水草丛生的多变环境也是鱼类产卵和躲避天敌的理想场所。

(3) 浅滩区域的水体深度通常为 0~0.3m,该区域位于水体和陆地的交错区域,是部分挺水植物和湿生植物的生长区域。该区域对水体生物有着重要的作用:①此区域有较多的水草和乔灌木,可为周边生物提供大量的安全庇荫区。②该区域多为浅水卵石滩或水草丛生,这样的环境是石砾产卵型和草上产卵型生物的理想产卵场。③此区域可以净化城市污水、拦截部分洪水,对水质和水体生物栖息地有着净化和过滤的作用。④此区域可以为水体生物提供比较安全的生存场所,降低外界对水体生物的干扰。⑤浅滩区域有着较大的生物量,可为近岸生物提供较富裕的食物量。

5) 水生植物设计

(1) 水生植物功能。

水生植物具有促进水体产氧、促进氮循环、抑制浮游藻类繁殖、吸附沉积物、减轻水体富营养化、提高水体自净能力的重要功能,同时还能为微生物和水生动物提供栖息场所和食物源,保持水岸带的物种多样性,并且还具有旅游观光等功能。水生植物与鸟类、水禽、阳光、肉食性水生动物、植食性浮游动物、滤食性水生动物以及微生物共同形成了一定的生态循环系统。

(2) 水生植物类型。

水生植物主要包括沉水植物、浮水植物、挺水植物和湿生植物四大类型。

① 沉水植物。

沉水植物的根扎于水下泥土之中,全株沉没于水面之下,其通气组织一般都特别发达,叶多为狭长或丝状。这类植物花小、花期短,所以一般以观叶为主。常见的沉水植物有菹草、水车前、苦草、聚草、金鱼藻、眼子菜、黑藻等。

② 浮水植物。

浮水植物的根扎入水底基质，只是叶片浮于水面。这类植物的气孔通常分布于叶的上表面，叶的下表面没有或极少有气孔，叶上面通常还有蜡质。浮水植物叶柄细长，茎细弱、不能直立，叶片漂浮于水面，多数以观叶、观花为主。常见的浮水植物有莲、睡莲、水金英、芡实、荇菜等。

③ 挺水植物。

挺水植物的形态直立挺拔，茎叶挺出水面，根或地茎扎入泥中生长发育，绝大多数具有茎、叶之分，花色艳丽，花开时离开水面。常见的挺水植物有荷花、黄菖蒲、星光草、千屈菜等。

④ 湿生植物。

湿生植物即生活在草甸、河湖岸边和沼泽的植物，湿生植物喜欢潮湿环境，不能忍受较长时间的水分不足，是抗旱能力最低的陆生植物。常见的湿生植物有红蓼、美人蕉、梭鱼草、狼尾草等。

(3)水生植物配置手法。

应依据水体流动速度、水体的宽窄及水体面积的大小等条件，把不同种类、不同生活习性、观赏性较高、不同季相的乡土植物混合搭配使用，以此打造稳定且富有层次性、与附近环境相协调的水生植物景观。水生植物的种植首先要以乡土水生植物为主，不同地域种植不同类型的水生植物；其次要兼顾观赏性原则和功能性原则，打造和谐有序的植物群落，并考虑植物景观层理结构的完善，丰富景观结构。

6.3　景观工程设计

景观工程是土木工程再生利用环境设计中至关重要的一部分，既有住区、历史街区、旧工业区、村镇社区等再生利用项目，都离不开景观工程。不同地域的特殊定义与环境位置决定了景观工程必须与自然紧密联系，其景观设计要充分保护和利用自然环境，尽可能减少对自然环境的影响和破坏，并且要尽可能利用原始地形地貌、山川水系、森林植被、飞禽走兽及独特的气候变化等自然元素造景，使人工景观自然地融合到自然景观中，从而保证再生利用项目区域内景观与周边景观的协调性。

6.3.1　景观设计的原则

1)多样统一的原则

多样统一的原则又称统一与变化的原则。景观艺术统一的原则是指它的组成部分，如体形、体量、色彩、线条、形式、风格等，要有一定程度的相似性或一致性，给人以统一的感觉。一致性的程度不同，引起统一感的强弱也不同。十分相似的一些组成部分即产生整齐、庄严、肃穆的感觉，但过分一致又觉得呆板、郁闷、单调。所以景观设计中常要求统一当中有变化，或是变化当中有统一，也就是许多艺术中常提到的多样统一的原则。

2）相互协调的原则

协调是指事物和现象的各方面之间的联系与配合达到完美的境界和多样化的统一。在景观设计中协调的表现是多方面的，如体形、色彩、线条、比例、虚实、光暗等，都是协调的对象。相互协调要求景观之间必须互有关联，而且含有共同的元素，甚至相同的属性。根据相似程度的不同，协调又可以分为相似协调和微差协调，两者比较，后者更为常用而且富有变化。

3）对称平衡的原则

对称是客观世界的实际规律在艺术中的反映，在造型艺术中起着一定的作用，在再生利用项目区域的整体或局部空间内，通过和谐的布置而达到感觉上的对称，使人舒适愉快。引起对称感的实体时常是一对同属性的物质，给人的感觉是具体的、严格的，甚至是生硬的，这种同属性物质造成的对称有时又称为平衡或均衡。

4）比例适当的原则

比例是指再生利用项目区域内的景物在体形上具有适当的关系，其中，景观本身各部分之间有长、宽、厚的比例关系，景观之间、个体与整体之间也有一定的比例关系。这些比例关系是人们感觉上、经验上的审美概念。比例适当原则要求从局部到整体、从近期到远期、从微观到宏观将相互间的比例关系与客观的需要恰当地结合起来，这也是景观艺术设计中的关键。

5）相互联系的原则

再生利用项目区域中的各个景观都不是孤立存在的,相互间都要具有一定的联系，一种是有形的联系，如道路、廊、水系等交通上的相通；另一种是无形的联系，如景观上相互呼应、相互衬托、相互对比、相互对称等，是在空间构图上造成一定艺术效果的联系。

6.3.2　景观设计的作用

随着人们生活水平的提高,人们对于生活环境和生活品质的要求也渐渐地提高了，景观涉及人们生活的方方面面，景观行业也越来越被人们所重视和喜欢，景观设计具有以下三大重要作用。

1）美化环境

景观设计具有美化环境的功能，而美化环境能够促进人和自然以及人和人之间的和谐相处，从而创造可持续发展的环境文化。合理的空间尺度、完善的环境设施、喜闻乐见的景观形式，让人更加贴近生活，缩短心理距离。这不仅能影响某个区域的品位和发展潜力，还很好地体现了一个区域的精神状态和文明程度。

2)给人类带来美的享受

大量的绿化种植、水池设施等景观，可以创造一个健康、舒适、安全，具有长久发展潜力的、自然生态良性循环的生活环境，可以调节人的情感与行为，幽雅、充满生机的环境使人心情愉悦。

3)使人类亲近自然

景观工程是衔接生活与自然的桥梁，同时又可以给人类提供回归自然的场所，满足人们多元化的需求，使人们的生活活动空间更为广阔、更加自由、更加完美。

6.3.3 景观设计的内容

1. 景观风格设计

景观风格设计的形式主要分为两大类：国外风格和国内风格。国外风格又分为东南亚风格、欧式风格、地中海风格、现代派风格、日式风格五种；国内风格又分为传统中式风格和现代中式风格两种。

1)国外风格

(1)东南亚风格。

东南亚风格主要包括泰式风格和巴厘岛风格等。

① 泰式风格。

泰式风格形成于东南亚风情度假酒店的基础之上，具有环境品质高、空间富于变化、植被茂密丰富、水景穿插其中、小品精致生动、廊亭较多且体量较大等显著特征；适用于打造精品、中等以下面积的项目。由于泰国是北方文化和南方文化接轨碰撞的地区，因此泰式风格既有南方的清秀、典雅，又有北方的雄浑、简朴。

② 巴厘岛风格。

巴厘岛风格具有显著的热带滨海风情度假特征，相对泰式风格来说，巴厘岛风格更显自然、朴素及轻松随意；适用于南方沿海区域打造精品、中等以下面积的项目。巴厘岛风格是传统建筑形式与现代观念的空间组织。在外部空间组织上，集中表现为干栏式建筑和院落式建筑的组织方式。利用水院来组织建筑，各个功能房间以百合花池、莲花池隔开，铺着木地板的走廊如桥一般将它们连接起来。

(2)欧式风格。

欧式风格主要包括北欧风格、美式风格、西班牙风格、新古典风格、古典意大利风格、英伦风格、法式风格和德式风格等。

① 北欧风格。

北欧风格具有北部欧洲凝练庄重的厚实感，色调深沉，气势宏大，植被浓密丰富。

② 美式风格。

美式风格建立在欧洲大陆景观风格的基础上，具有简洁明快的特点，与繁复冗长的传统欧式风格相比，美式风格更倾向于实用主义特征，在保持一定程度欧洲古典神韵的同时，形式上趋于简练随意、现代自然。

③ 西班牙风格。

西班牙风格园林在规划上多采用曲线，布局工整严谨，气氛幽静肃静。

④ 新古典风格。

新古典风格通过经典欧式符号和红蓝色坡屋顶诠释优雅气质，摒弃繁复的线脚与细部塑造，省略部分过于宏大庄严的轴线、雕塑与水景，在尺度上更显亲切与人性化，在色调上更趋于明快，在材质上更趋于自然，在一定程度上显得与美式风格较为相似。

⑤ 古典意大利风格。

古典意大利风格在沿山坡引出的一条中轴线上，开辟了一层层的台地、喷泉、雕塑等，采用黄杨或树组成花纹图案树坛，突出常绿树而少用鲜花。

⑥ 英伦风格。

英伦风格形成于 17 世纪布朗式景观的基础之上，并不断加以发展变化，具有撒满落叶的草地、自然起伏的草坡、高大乔木，有着自然草岸的宁静水面，具有欧式特征的建筑与庭院点缀于其间，洋溢出一种世外桃源般田园生活的欧陆风情。

⑦ 法式风格。

法式风格具有以下特征：布局上突出轴线的对称，气势恢宏，居住空间豪华舒适；具有贵族风格，高贵典雅；细节处理上运用了法式廊柱、雕花、线条，制作工艺精细考究，点缀在自然中，崇尚冲突之美。

⑧ 德式风格。

德式风格具有以下特征：一是外形简练、现代，充满活力，色彩大胆而时尚；二是功能讲求实用，任何认为是多余的装饰都几乎被摒弃。注重水系设计，水系贯穿全园，以树阵的形式在区域绿化景观中大量种植杉木、松树等，给予社区一种高贵感。

(3) 地中海风格。

地中海风格具有南部欧洲滨海风情，与北欧风格相比显得更精致秀气，色调明快，点状水景多，小品雕塑丰富，宏大精致，自然随意。

（4）现代派风格。

现代派风格主要包括现代简约风格、现代自然风格和新亚洲风格等。

① 现代简约风格。

现代简约风格在现代主义的基础上进行简约化处理，更突出现代主义中少就是多的理论。现代简约风格多以几何式的直线条构成，以硬景为主，多用树阵点缀其中，形成人流活动空间，突出交接节点的局部处理，色彩对比强烈，以突出新鲜和时尚的超前感，但对施工工艺要求高，材料一般都是经过精心选择的高品质材料。

② 现代自然风格。

现代自然风格将现代主义的硬景塑造形式与景观的自然化处理相结合，线条流畅，注重微地形空间和成型软景配合，材料上多运用自然石材、木头等。

③ 新亚洲风格。

新亚洲风格是现代主义的硬景塑造形式与亚洲的造园理论的结合，或者是对亚洲传统景观形式进行现代手法的演绎，在保留其传统神韵的同时，结合当地文化元素进行大胆创新，呈现一种新的亚洲风格。用公式来概括为东南亚的丰富空间+中国人认同的现代感（硬景）+酒店式的高品质感。

（5）日式风格。

日式风格的总体设计遵循不对称的原则，而整体风格则是宁静、简朴，甚至是节俭的。

2）国内风格

（1）传统中式风格。

传统中式风格具有典型的中式景观风格特征，因地制宜进行取舍融合，呈现出一种曲折转合中亭台廊榭的巧妙映衬、溪山环绕中山石林荫的趣味渲染的中式园林效果。

（2）现代中式风格。

现代中式风格是在现代风格建筑规划的基础上，将传统的造景方式用现代手法进行重新演绎，适当地满足功能空间需要，软硬景相结合。

2. 景观小品设计

1）景观小品的分类

景观小品在我国并没有明确的定义，一般泛指室内外空间中一切具有美感的、为环境所需、为满足人们某种日常行为需要而设置的人为小品构筑物，如一樘通透的花窗、一组精美的隔断、一块新颖的展览牌、一盏灵巧的园灯、一座构思独特的雕塑，乃至小憩的座椅、湖边的汀步等。景观小品一般都既具有简单的实用功能，又具有装饰性的造型艺术特点；其既有技术上的结构要求，又有造型艺术和空间组合上的美感要求。因此，在环境中其造型的取意需经过一番精心琢磨，艺术加工才能与整体环境协调一致。景观小品是景观中的点睛之笔，一般体量较小、色彩单纯，对空间起点缀作用。景观小品具体有以下形式。

(1)装饰性景观小品。

① 雕塑。

雕塑是指用传统的雕塑手法，在石、木、泥、金属等材料上直接创作，反映历史、文化、思想、追求的艺术品。雕塑在古今中外的造园中被大量应用，从类型上可大致分为预示性雕塑、故事性雕塑、寓言雕塑、历史性雕塑、动物雕塑、人物雕塑和抽象派雕塑等。往往用寓意的方式赋予雕塑鲜明而生动的主题，将日常生活中的物质文化实体进行选择、利用、改造、组合，以令其演绎出具有新的精神文化意蕴的艺术形态，提升空间的艺术品位及文化内涵，使环境充满活力与情趣，如图 6-14 所示。

② 水景。

水景主要是以设计水的 4 种形态(静水、流水、喷水、落水)为内容的小品设施。水景常常为城市绿地某一景区的主景，是人们视觉的焦点。水景小品常设置在建筑物的前方或景区的中心，为主要轴线上的一种重要景观节点。在自然式绿地中，水景小品的设计常取自然形态，与周围景色相融合，体现出自然形态的景观效果，如图 6-15 所示。

图 6-14　雕塑景观小品　　　　　　　　图 6-15　水景景观小品

③ 围合与阻拦。

围合与阻拦包括隔景、框景、组景等小品设施，花架、景墙、漏窗、花坛绿地的边缘装饰、保护园林设施的栏杆等。这种小品多数为建(构)筑物或设施，对空间形成分隔、解构，丰富景观的空间构图、增加景深，对视觉进行引导，如图 6-16 所示。

④ 门洞与窗洞。

景观设计中的园墙、门洞、空窗、漏窗、景窗是作为向导、通行、景观的设施，也具有艺术小品的审美特点。门洞的形式有几何形（圆形、横长方、直长方、圭形、多角形、复合形等）和仿生形（海棠形，桃子、李子、石榴水果形，葫芦形，汉瓶形，如意形等）。窗洞包括空窗（在园墙上下装窗扇的窗洞称为空窗（月洞））、漏窗（在园墙空窗位置，用砖、瓦、木、混凝土预制小块花格等构成的灵活多样的花纹图案窗）和景窗（即以自然形体位置为图案的漏窗），如图 6-17 所示。

图 6-16　围栏景观小品　　　　　图 6-17　门洞景观小品

（2）功能性景观小品。

① 展示设施。

展示设施包括各种导游图版，路标指示牌，以及动物园、植物园、文物古建、古树的说明牌，阅报栏，图片画廊等，其对人们有宣传、引导、教育等作用。设计良好的展示设施能给人们清晰明了的信号和指导，如图 6-18 所示。

② 卫生设施。

卫生设施通常包括厕所、果皮箱等，它是环境整洁度的保障，是营造良好的景观效果的基础。卫生设施的设置不但创造了舒适的游览氛围，而且能体现以人为本的设计理念，如图 6-19 所示。

③ 灯光照明设施。

灯光照明设施主要是为了夜景效果而设置的，主要包括路灯、庭院灯、灯笼、地灯、投射灯等，其各部分构造，包括圆灯的基座、灯柱、灯头、灯具等都有很强的装饰作用，如图 6-20 所示。

④ 休憩设施。

休憩设施包括亭、廊、餐饮设施、坐凳等，休憩设施为人们提供了休息与娱乐的功能，有效提高了区域场所的使用率，也有助于提高人们的兴致，如图 6-21 所示。

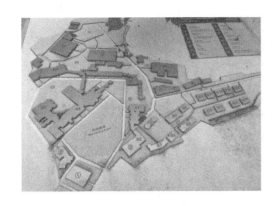

图 6-18　导游图版

图 6-19　卫生设施景观小品

图 6-20　灯光照明设施景观小品

图 6-21　休憩设施景观小品

⑤ 通信设施。

通信设施通常指的是公用电话亭，由于通信设施通常由电信部门进行设计安装，色彩及外形的设计常常跟景观本身的协调存在不一致。通信设施除了要满足人们的方便性、适宜性的需求，也要满足人们感官上的需求，如图 6-22 所示。

⑥ 音频设施。

音频设施通常被运用到公园或风景区当中，起到讲解、通知、播放音乐、营造特殊景观氛围的作用。音频设施通常造型精巧而隐蔽，多用仿石块或植物的造型安设于路边或植物群落当中，如图 6-23 所示。

2) 景观小品设计的要点

景观小品具有特殊的优势，形态长存，不随季节的变化而变化，可以长久地应用。恰当地运用景观小品，不仅能充分体现其艺术价值，还能对景观环境做有益补充，景观小品设计应注意以下要点。

图 6-22　通信设施景观小品　　　　　　图 6-23　音频设施景观小品

（1）巧于立意。

景观小品不仅要有形式美，还要有深刻的内涵。

（2）造型新颖。

景观小品具有浓厚的工艺美术特点，所以一定要突出特色，以充分体现其艺术价值。

（3）人工与自然融于一体。

作为装饰小品，人工雕琢之处是难以避免的，而将人工与自然融于一体，则是设计者的匠心所在。

（4）体量合适。

景观小品一般在体量上力求精巧，不可喧宾夺主、失去分寸，应根据区域规模和空间大小选择体量合适的小品。

（5）功能与技术相符。

景观小品除满足艺术造型美观的要求外，还应符合实用功能及技术的要求。

（6）地域民族风格浓厚。

景观小品应充分考虑地域特征和社会文化特征，其形式应与当地的自然景观和人文景观相协调。

6.4　公共卫生工程设计

6.4.1　公共厕所工程

公共厕所是指供居民和流动人口共同使用的厕所。在土木工程再生利用项目中，要根据再生利用项目类型、区域环境及人流量等情况，选择一个合适的服务半径，在这个服务半径内进行公共厕所工程的建设。

1)公共厕所设计的原则

(1)人性化原则。

公厕外部环境使用者的多样性和环境评价的多次性，决定了公厕外部环境设计的首要原则是尊重人的行为心理，要坚持从人性化的角度出发，将便民服务及环境融洽放在第一要位考虑，要尽可能体察和认知公共厕所外部环境对群体行为的影响。针对不同人群的行为习惯，对公厕外部环境进行研究，若进行细化，还要考虑大众人群的文化水平、评价能力，使公厕的设计符合绝大多数人的使用利益，同时又能满足外部环境的协调性。同时，还应当建立与公厕使用者需求和心理感受相适应的人性化场地外环境，特别体现对老弱病残的关爱，如盲人、肢体残疾人等。将公厕外部环境打造成特有的人性化空间，从这个角度也可以体现出和谐社会文明程度的提升。

(2)协调性原则。

城市整体的和谐来源于各市政设施的整体之和。一座城市不仅为人类提供了生产、生活的环境，整体的融洽构成更加体现了人类智慧的力量，人们通过理顺思维、排列规划，将具备各种功能的建筑和外部空间融合在一起，促成整体的协调配合，使城市的各个服务保障机能得以有效运行，各种建筑、设施在相互关联中产生作用，形成整体的和谐，既相互矛盾又融合统一，形成部分与整体之间的依存秩序。这个依存秩序将协调各部分的关系，实现整体的和谐。

(3)系统设计的原则。

避免单一化的设计或技术创新思路，从"事"的角度思考设计问题。兼顾厕所的内部系统(建筑、空间、设施、标识等)与外部系统(景观、区域、市政管网等)的关系；完整考虑废弃物收集、处理与使用的循环系统。

(4)功能合理的原则。

根据不同地区的不同人群的特征和行为习惯进行功能定位。保证必要的功能空间和设施，避免过度设计，并兼具适应性。

(5)技术适当的原则。

减量化、无害化与资源化是废弃物处理技术选择的基本逻辑，根据环境条件与建设成本，选择适当的技术，不执着于高技术或低技术。

(6)服务导向设计的原则。

从使用者、维护者和管理者多角度进行思考，在完整交互流程上发现痛点，提供合适的软件与硬件服务，如找厕所、等候、如厕、清洁、补妆、婴幼儿护理等环节，以及其他增值服务。

(7)追求美学的原则。

美是一种和谐，与环境、文化、需求、情感呼应。尤其对于文化场所与景区，在建筑、景观与内装设计中应考虑区域特色与差异化设计。

(8)运营可持续的原则。

保证良好的、可持续的商业运营模式，如废弃物资源化盈利、广告设施宣传推广、物品售卖以及其他增值服务。

2)公共厕所的分类

(1)按照建造形式的不同，公共厕所可分为独立式公共厕所、附建式公共厕所、合建式公共厕所、活动式公共厕所。

① 独立式公共厕所。

独立式公共厕所为不依附于其他建筑的公共厕所，是目前我国公共厕所的一种主要形式，是行人和居民主要的如厕场所。独立式公共厕所与相邻建筑物间宜设置不小于 3m 宽的绿化隔离带，用地范围相对较大。独立式公共厕所的选址相对较严格，要求修建在明显、易找、便于粪便排入排水系统或便于机械抽运的地方。

② 附建式公共厕所。

附建式公共厕所是指依附于其他建筑物的公共厕所，并设有直接通至室外的单独出入口和管理间，它是现代化城市公共厕所建设的主要方向。附建式公共厕所必须能够方便公众昼夜使用，且便于寻找，主体建筑内的配建厕所不能满足公众昼夜使用之功能的，不能作为附建式公共厕所。附建式公共厕所不需单独划拨用地，选址相对较容易，且不会影响城市风貌，但其对主体建筑的使用功能有一定的影响。

③ 合建式公共厕所。

合建式公共厕所是指与其他环卫设施合建的公共厕所，目前应用较多的是与垃圾收集站合建。由于公共厕所实施有一定的要求且对环境有一定的影响，与其他环卫设施合建则可避免或弱化上述问题，且可节约用地，方便管理。

④ 活动式公共厕所。

活动式公共厕所是指能移动使用的公共厕所，根据卫生器具的数量可分为单体厕所和组装厕所，根据移动的方式可分为拖动厕所和汽车厕所。活动式公共厕所是固定式公共厕所的重要补充，是在需要使用公共厕所，又不能及时修建固定式公共厕所的地段，或在组织各种大型社会活动的场所临时摆放的厕所，它具有移动灵活、使用方便等特点。

(2)按照功能定位的不同，公共厕所可分为无障碍公共厕所和无性别公共厕所。

① 无障碍公共厕所。

无障碍厕所是指供老年人、残疾人和行动不方便的人使用的厕所，它包括无障碍公共厕所和无障碍专用厕所，本章主要指无障碍公共厕所。与普通厕所相比，它在厕所的入口、门扇、通道、洁具以及其他一些安全措施方面都做了特殊规定，以满足老年人、残疾人和行动不方便的人使用厕所的要求。建多层公共厕所时，无障碍公共厕所应建设在首层。

② 无性别公共厕所。

无性别公共厕所是指不分男女厕位的公共厕所。传统的男女厕所经常会出现男女厕所一时不够用，无法进行自动调剂的情况，既浪费资源，又造成不便。无性别公共厕所就解决了这个矛盾，每一个小间都是独立的、封闭的，无论男女都可以使用，因此可以节约资源和提高使用率。此外，老弱病残者上厕所时，可以得到异性亲属的照顾，消除了人为不便，解除了安全之忧，是一种人性化的厕所。在现代城市里，因为人们追求便捷，城市寸土寸金，所以，无性别公共厕所不可逆转地会成为今后城市的发展趋势和必然选择。

(3)按照排泄物处理方式的不同，公共厕所可分为节水型水冲公共厕所、微生物公共厕所和干式无臭堆肥公共厕所。

① 节水型水冲公共厕所。

节水型水冲公共厕所是指采用节水型卫生设备或其他节水措施的水冲式公共厕所。节水型卫生设备包括节水洁具和节水冲洗设备。其他节水措施包括生物处理或化学处理污水冲便技术、循环用水冲便技术、雨水综合利用冲便技术等。节水型水冲公共厕所技术相对成熟，是目前公共厕所建设的重要方向，它可以节约用水，降低厕所的运行成本，减少废水的排放量。

② 微生物公共厕所。

微生物公共厕所是指利用专门的复合细菌群将排泄物完全分解的公共厕所。一方面通过分解产生二氧化碳和氨气，并将其直接排向大气；另一方面可产生无色、无味、无毒的水，用于循环冲厕，不需要外加水源，排出物可以作为肥料，完全不污染环境，卫生条件好。该类型厕所具有处理速度快、占地小、节水、运行成本低、清洁、不产生二次污染、符合卫生标准等优点；整个操作由中央控制系统完成，自动化程度高，不需要人员看守。该类型厕所适用于旅游风景区、公园以及无排污管网的地区。

③ 干式无臭堆肥公共厕所。

干式无臭堆肥公共厕所类似于免水冲卫生厕所和微生物公共厕所，无须水冲，利用微生物将粪便分解腐熟成堆肥产品。这种厕所的维护费用低，节约用水，不污染环境，还能得到良好的堆肥。

3)公共厕所规划设计

(1)公共厕所位置规划。

目前虽各个城市新建了大量公共厕所，但依然不能满足城市发展需要。一方面，公厕的数量依然较少，位置隐蔽，指示标识不醒目；另一方面，公厕缺少统一的规划布局，间距和位置不合理，呈现出混乱的状况。因此对公共厕所的位置进行合理规划和布局是极其重要和亟待解决的问题。

一般来说，公共厕所会规划在公共绿地处，这些地段是人类日常生活活动的场所，从环保的角度讲，绿地的树木、花卉、草皮是吸附、处理公共厕所有害、异臭气体的良好自然环境。对于公厕的朝向，要尽可能使公厕的纵轴垂直于当地夏季的主导风向，充分利用自然气流对公厕的通风排气作用，减少公厕内部的异臭味，还要顾及污染气流对周围区域的直接影响。公共厕所(即公共卫生间)如图 6-24 所示。

(2)标识指引系统设计。

标识的作用是传达、引导和介绍信息等，良好的标识指引系统是传递信息的重要手段，以前的土木工程中不少地方缺少标识或者标识不完善，一些标识被破坏，在再生利用中应予以完善，部分标识指引示例如图 6-25 所示。设计标识时应注意以下几个方面。

图 6-24　公共厕所　　　　　　　　　图 6-25　标识指引示例

① 尺度设计。

根据现场和实际需求情况，确定设计的最大尺寸范围。

② 安装方式设计。

主要考虑附墙、垂墙、落地、坐地、吊挂等安装方式，需根据现场情况确定。安装位置不宜过高或过低。

③ 导向布点设计。

分析人流、出入口、公共设施、功能房间等情况，合理设置信息点。此设计要依据图纸、现场情况做到全面布点。

④ 字体设计。

考虑行业和视觉感受，有时需要考虑人机工程学、建筑学等因素。字体尺寸要大，文字使用中文和阿拉伯数字，避免使用英文字母，使人能够轻而易举地看懂标识。

⑤ 色彩设计。

重点考虑企业的个性、行业等因素。字体和背景要使用强烈的对比色，主色应使用黄色、橙色、红色等便于识别的颜色，不建议使用蓝色、紫色等不易识别的色彩。

⑥ 版式设计。

版式设计是提高视觉观感的主要手段。根据整个区域的建筑、景观风格进行统一设计，要展现出一定的美感。

⑦ 材料工艺设计。

从美观、大方、实用角度着手，选择最能表达其风格的最合适的材料。应使用不会反光的材料制作标识，标识所用材料应该经久耐用，不易破损。

4) 公共厕所细节设计

公共厕所细节设计主要体现在门、地面、坐便器、洗手盆、多功能台、挂衣钩、呼叫救助按钮和安全抓杆的设计，具体设计要求见表 6-2。

表 6-2　公共厕所细节设计

设计部位	设计要求
门	宜设外平开门，如向内开启，需在开启后留有直径不小于 1.5m 的轮椅回转空间；门的通行净宽不应小于 800mm，平开门应设高 900mm 的横扶把手，在门扇里侧应采用门外可紧急开启的门锁
地面	应防滑、不积水
坐便器	坐便器两侧距地面 700mm 处应设长度不小于 700mm 的水平安全抓杆，另一侧应设高 1.4m 的垂直安全抓杆
洗手盆	底部留有宽 750mm、高 650mm、深 450mm 的空间供乘轮椅者膝部和足部活动；出水龙头宜采用杠杆式或感应式；在洗手盆上方安装镜子
多功能台	长度不宜小于 700mm，宽度不宜小于 400mm，高度宜为 600mm
挂衣钩	距地面的高度不应大于 1.2m
呼叫救助按钮	在坐便器临近的墙面上高 400～500mm 处
安全抓杆	安装牢固，直径为 30～40mm，内侧距墙不应小于 40mm

6.4.2　垃圾分类工程

随着生活垃圾产生量的日益增多，无法及时正确分类及处理这些生活垃圾不仅成为环境隐患，也造成了资源的浪费，更成为制约社会经济健康平稳发展的因素。因此，从环境、经济、民生、社会效益等角度来看，提高生活垃圾的分类处理效率，避免造成"垃圾围城"恐慌，势在必行，且迫在眉睫。在土木工程再生利用项目中，处理好垃圾分类是项目的一大关注点。

1）垃圾分类的原则

（1）分而用之的原则。

分类的目的就是将废弃物分流处理，利用现有生产制造能力，利用回收品，包括物质利用和能量利用，填埋处置暂时无法利用的无用垃圾。分类就是要提高物质利用比例，减少焚烧、填埋处理量，如果没有后续利用能力，分类便失去了意义。

（2）自觉自治的原则。

社区和居民，包括企事业单位，逐步养成减量、循环、自觉、自治的行为规范，创新垃圾分类处理模式，成为垃圾减量、分类、回收和利用的主力军。

（3）差异化垃圾分类的原则。

我国各地区的气候特征、人们的生活习惯、经济发展水平不同，导致垃圾成分差异显著，故应结合各地实际，制定差异化的垃圾分类方法。合理划定垃圾分类范畴、类别、要求、方法、收运方式等，采取适合当地、灵活多样、简便易行的分类方法。其中，因有害垃圾对人体或自然环境会造成直接或潜在危害，应对其进行严格强制分类，将有害垃圾与其他生活垃圾分开，而且对每种有害垃圾都应做到单独收集、分类运输、专业化处理。应按照方便、快捷、安全的原则，设立专门的场所或容器对各品种的强制对象进行分类投放、收集、暂存，并在醒目位置设置有害垃圾标志。

（4）垃圾分类要与末端处理相衔接的原则。

前端的垃圾分类要基于末端的处理方式，形成分类收运与末端处理相衔接的分类管理系统。采用厌氧发酵工艺处理，至少要做到干、湿分开；采用焚烧工艺处理，至少要做到可燃与不可燃分开。不同地区要充分结合当地可实现的末端处理工艺，制定适宜的垃圾分类制度，实现资源利用最大化。

（5）垃圾分类可有中间环节的原则。

实践表明，依赖居民个人将所有可回收物品100%地放入回收桶中并不现实。垃圾分类可有中间环节，"户分类"要做到大类分开，收运过程中可进行专业二次分拣或由再生资源回收企业进行收运和处置（主要针对可回收物），最后运到垃圾综合处理厂后采用"人工+机械分选"，三个环节环环相扣，各司其职，避免了重复劳动，提高了垃圾分类效率。

2) 垃圾分类的对策

(1) 统一垃圾分类标准。

全国各地区的垃圾分类标准不统一，对推动全国性的垃圾分类造成了阻碍，不利于各地区之间相互学习、复制及推广。例如，浙江省、江苏省、安徽省和上海市的垃圾分类标准不尽相同，各地因地制宜地制定标准，同时也产生了很多问题。由于中国人口流动性大，人民生活水平也显著提高，经常会出省游玩，生活垃圾的投放目前已经是人们每天都要参与的活动，各地垃圾分类标准不统一并且出台了相关的条例、办法等，势必给游客造成较大的烦恼。另外，各地政府部门进行相互学习时，需要投入更多的时间，效果也不是很好，因为各地区的标准本来就不统一，还需要适应本地居民的生活习惯。目前没有统一的标准，也没有办法进行较快的复制性学习。

因此，要对各地区垃圾分类标准的定义划分、垃圾桶颜色及标识进行统一，确保垃圾分类工作在推行过程中有序进行。

(2) 分阶段制定民众垃圾分类的目标。

生活垃圾有序分类是一项系统性工程，通过源头控制、实时督导、末端治理，做到分类的有序开展。在年轻一代人中开展环保教育，普及环保知识，将垃圾分类融入幼儿园、小学课程中，从小培养人们的垃圾分类意识和分类习惯。加强基础设施建设，将垃圾分类的减量化、资源化和无害化落到实处。利用线上线下广告、标语和电视节目，展开垃圾源头分类收集的科普。同时，依照地方特点制定富有针对性的分类标准。

(3) 构建长久有效的垃圾分类机制。

垃圾分类是个复杂工程，需要全方位推动。我国垃圾分类工作要立足于当下，针对已经露头的问题，马上发现、马上改进、马上惩处。全面推进垃圾分类工作，要把眼光放长远，狠抓长效机制，做好城乡统筹规划，因地制宜，构建长期有效的分类手段，也可将垃圾分类工作纳入绩效考核内容，完善监督问责机制。

3) 垃圾分类工程设计

近些年国内经济一直处在高速发展的状态之下，生活垃圾造成的危害也日益严重。从垃圾分类投放开始改变生活垃圾的回收现状，普及国民环保意识成为当前必须要解决好的一个问题，垃圾分类工程设计应以智能垃圾箱的设计为主导，以经济适用为原则，如图 6-26 所示。

(1) 外观设计。

当前人类的审美有了质的飞跃，为了迎合大众的审美需求，垃圾箱的设计应该具备一定的艺术造型。箱体本身应该以不锈钢材料为主，其具备韧性好、硬度高、抗高温以及耐腐蚀等特点。箱体的外观要与周围环境相协调，可以尝试在箱体表面设计环

图 6-26　智能垃圾箱

保宣传标语，从而向人们宣传环保理念。

（2）智能翻盖系统设计。

目前国内很多城市街道投放的垃圾箱都是开口设计的，使用这类垃圾箱会造成对环境的二次污染，还会严重影响市容市貌。智能翻盖系统设计具体来说就是，当垃圾箱检测到附近有人走近开始投放垃圾时，垃圾箱投放口会自动打开，当无人在垃圾箱面前时，垃圾箱投放口就会自动关闭。智能翻盖系统能够有效地阻挡虫、鼠、蚁进入垃圾箱内部，能够有效地遏制有害病菌的传播与扩散。

（3）电池板功能设计。

将太阳能板安装于垃圾箱顶部，使其便于采光。将铅酸蓄电池安装于地下，能够储存电能，电源转换器应该设置于箱体的内部，借助于电源转换器能够实现光能以及电能的相互转换。太阳能发电系统的优势在于不需要额外布线，大大降低了触电以及火灾隐患，而且后期维护的成本较低。

（4）语言提醒功能模块设计。

语言提醒功能模块的作用是在人们投放垃圾时播放"请分类投放"的提示音，这一功能的实现主要是集成语音模块在发挥作用。有了这一功能的存在，市民每次投放垃圾都是对垃圾分类习惯的一个强化过程，长此以往对市民养成垃圾分类投放的习惯非常有帮助。

6.4.3　公共卫生服务中心

作为国家卫生服务体系的重要组成部分，公共卫生服务中心虽然规模有限，其医学服务精神仍不可或缺，物质空间以及环境质量应当作为其设计的重点。特别对于突发性疫情等公共卫生事件，在一定区域内配置足够数量的公共卫生服务中心显得更加必要和重要。

1)公共卫生服务中心设计原则

(1)整体性原则。

从公共卫生服务中心所在的区位条件、用地规范要求、周边道路交通情况、周边建筑环境特质、基础市政设施布置情况等方面综合考虑(即从整体性的角度考虑),处理公共卫生服务中心建筑与环境的关系。

(2)以使用功能作为首要的原则。

从公共卫生服务中心建筑医疗服务功能的角度出发,搞清楚几大功能区之间的空间与服务流程关系,组织高效流畅的交通流线,进而确定建筑的平面组织形态和外部空间造型。

(3)人性化设计原则。

从各方面考虑不同人群的差异性和使用的便捷性,如设置残疾人坡道和盲道,调整扶手的材质和高度、家具尺寸的合适度,考虑环境对于人生理和心理舒适度的影响。

2)公共卫生服务中心设计理念

(1)以提供专业的医疗卫生服务为宗旨,以现代医疗科学技术为基础,从当下公共卫生服务中心的服务功能出发,提供优质的诊疗空间,体现为患者服务的医学精神,营造舒适可靠的医疗环境氛围。

(2)围绕以人为本的中心思想,关爱患者的身心健康,在生理需求和心理需求方面满足医患双方。为患者提供安全舒适的医疗环境,舒缓患者疑虑不安的心理,慰藉病患的心灵;为医务人员提供良好的工作环境,以及舒适安静、不受干扰的休息空间。

(3)秉持绿色生态化建筑设计理念,注重建筑的可持续发展,结合当代前沿的建筑科学技术,考虑建筑运行的全生命周期进行设计,建造低碳节能的公共卫生服务中心建筑。

(4)注重公共卫生服务中心的地域化,根据实际情况进行具体分析,充分考虑建筑与场地的矛盾,在总平面布置上协调周边环境,包括建筑与周边道路的衔接、建筑与城市景观风貌的协调,营造符合居民审美与心理预期的建筑形象。

3)公共卫生服务中心设计注意事项

(1)增加公共卫生服务中心布点。

随着社会经济的发展,原有公共卫生服务中心服务区的覆盖范围呈现点状分布的状态,其现有的布局无法为人们提供便捷的就医环境。再生利用项目区域应结合自身的发展特点,充分利用再生利用项目的建设优势,增加公共卫生服务中心布点,增加用于建设公共卫生服务中心等各类公共服务设施的空间。

(2)以"量"换"规模"。

应根据对应服务的人口数量设置公共卫生服务中心,如果服务人口超出范围,则应适当增加建筑规模。但是现实情况中老城区的建设用地有限，现有的公共卫生服务中心基本没有扩大建筑规模的可能性，可以考虑适当改建附属建筑，增加公共卫生服务中心的数量，控制其单个规模。公共卫生服务中心作为基层医疗设施，它的规模不是其核心优势，而在于它能高效便捷地提供社区医疗服务。公共卫生服务中心应该做到规模小、数量多，能够更加便捷地为社会群体提供就医服务。

(3)调整空间布局参考依据。

目前公共卫生服务中心的空间布局主要依据行政区划和人口数量规划，但是这两个规划依据都存在其局限性。每个街道的面积、形态、地理环境、人口密度都不同，在选址布局公共卫生服务中心时应该考虑到这些特殊性，而不应该仅以街道行政区划为依据。除此之外，也不能仅以区域内服务人口的多少为衡量标准，应综合不同区域的具体情况，考虑如何让居民更加便利地获得社区医疗服务，其中服务区距离便成为是否便利的重要因素。因此，在选址布局时，建议将公共卫生服务中心的服务区距离作为主要的规划参考依据。

4)公共卫生服务中心设计

(1)公共空间设计。

① 门诊大厅。

门诊大厅是患者进入设施的第一个环节，它是各类使用者与不同科室之间联系的纽带，同时还提供问讯、缴费、休息等多种服务功能。公共卫生服务中心由于建设规模相对综合医院较小，一般将挂号、收费、化验、取药等功能沿内廊布置在一起，有的门诊大厅还在入口处设置休息空间。

门诊大厅应该有自然通风或者新风送入，以保证大厅的空气流动，降低疾病在空气中传播的概率；应该相应增加老年挂号收费窗口与老年取药窗口，并在大厅中以醒目标志标出。门诊大厅还应增加若干老年人等候座椅；在主要通道口的地面或者上方应设置明显的就医路径指示标识，以方便老年人找到科室进行诊疗。

② 候诊空间。

公共卫生服务中心的候诊时间相对较短，大多数的等候时间小于 10min，公共卫生服务中心候诊空间的形式大致有厅式候诊、廊式候诊和分室候诊三种类型，候诊空间的装修相对简陋，也不太重视适用性和室内色彩的协调关系。因此，要注重室内外空间的互动，可以设置一些简单的空间分隔和独特的座椅以营造出候诊空间舒适亲切的氛围。

(2)无障碍设计。

由于老年人患者的增多，空间使用的安全性就显得尤为重要，设计公共卫生服务中心时需要参考《无障碍设计规范》(GB 50763—2012)，做到完善坡道、扶手等无障碍设施。表 6-3 对急需改进无障碍设计的地方进行了汇总。

表 6-3　主要空间无障碍设计要点汇总

空间	具体位置	无障碍设计要点
水平空间	室外坡道	坡度小于 1/20 时比较合适,坡道宽度及缓冲平台宽度要大于 1.5m,以方便乘轮椅者的通行与回转。公共卫生服务中心的主入口应当尽量与外部人行道保持水平,尽量采用坡道形式
	地面	地面宜采用清洁材料,低反射,不产生眩光。同时还应当进行防滑处理,宜使用花岗石、陶瓷地砖等表面摩擦系数大的材料,地面防滑条不宜凸出。城市人行道与院区入口衔接的区段应设置盲道,并一直延续到室内医疗咨询台
	走廊	双面候诊走廊净宽不小于 2.7m,宜以斜面过渡地面高差,如果走廊太长,可设置凹入空间,以便轮椅回转。走廊两侧应设扶手,为了防止轮椅前轮磕碰墙壁,两侧墙面还应设 0.35m 高的护墙板
垂直空间	台阶	内外踏步宽度不宜小于 300mm,高度不宜大于 150mm,并不应小于 100mm。三级及三级以上的台阶应在两侧设置扶手,台阶上行及下行的第一阶宜在颜色或材质上与其他阶有明显区别
空间细节	楼梯	主要疏散楼梯梯段宽度要大于一般医院规范规定的 1.8m,以方便紧急情况下担架通行。踢面应选取防滑材料,如防滑 PVC 橡胶。梯段两侧宜设置高低双层扶手踏面。楼梯和休息平台距踏步起点与终点 25～30cm 处应铺有警示地砖,方便视觉残障患者定位,踏面和踢面的颜色宜有区分和对比

思 考 题

6-1　绿化设计的原则有哪些?

6-2　绿化设计的内容有哪些?

6-3　水体设计的作用有哪些?

6-4　人工水体设计的形式有哪些?

6-5　景观设计的原则有哪些?

6-6　景观设计的作用有哪些?

6-7　景观小品设计的要点有哪些?

6-8　公共厕所设计的原则有哪些?

6-9　公共厕所的分类有哪些?

6-10　公共卫生服务中心的设计理念有哪些?

参考答案-6

参 考 文 献

鲍宇, 顾军, 2020. 厕所革命探索实践与成效分析[J]. 四川环境, 39(3): 176-181.

董孟能, 林学山, 2016. 重庆既有公共建筑节能改造技术手册[M]. 重庆: 重庆大学出版社.

杜方, 2010. 环境友好型小区景观的设计及营造[M]. 北京: 中国林业出版社.

郭谦, 2013. 建筑装饰材料[M]. 上海: 上海交通大学出版社.

郭淑芬, 田霞, 2010. 小区绿化与景观设计[M]. 2版. 北京: 清华大学出版社.

冀文汇, 2020. 分析园林景观工程中的植物配置设计[J]. 建材与装饰(20): 74,76.

李慧民, 2015. 旧工业建筑的保护与利用[M]. 北京: 中国建筑工业出版社.

刘绮, 潘伟斌, 2008. 环境质量评价[M]. 广州: 华南理工大学出版社.

刘新, 夏南, 2018. 生态型公共厕所系统设计的理念、原则与实践[J]. 生态经济(6): 232-236.

罗文泊, 盛连喜, 2011. 生态监测与评价[M]. 北京: 化学工业出版社.

潘智敏, 曹雅娴, 白香鸽, 2019. 建筑工程设计与项目管理[M]. 长春: 吉林科学技术出版社.

祁魏峰, 刘玉龙, 段长军, 2019. 浅谈生态居住小区的绿化设计[J]. 农业科技与信息(2): 59,65.

宋颖, 2014. 上海工业遗产的保护与再利用研究[M]. 上海: 复旦大学出版社.

王炳坤, 2011. 城市规划中的工程规划[M]. 天津: 天津大学出版社.

王胜永, 周鲁潍, 2010. 景观设计基础[M]. 北京: 中国建筑工业出版社.

王月容, 段敏杰, 刘晶, 2017. 北京市北小河公园绿地生态保健功能效应[J]. 科学技术与工程, 17(18): 31-40.

徐丹, 2010. 园林景观中水体艺术设计特点的探析[J]. 盐城工学院学报(社会科学版)(2): 62-65.

徐晓珍, 2015. 小城镇基础设施规划指南[M]. 天津: 天津大学出版社.

许东, 王雪英, 2018. 基于生态城市的立体绿化构建系统研究[J]. 建筑与文化(3): 167-169.

杨润, 2012. 基于城市街道特色塑造的环境小品设计研究——以深圳市深南中路街道环境为例[D]. 武汉: 华中科技大学.

杨晓姝, 2008. 人工景观水体的生态设计[D]. 海口: 海南大学.

张会, 万煜豪, 2020. 社区卫生服务中心改造与创新设计研究[J]. 居舍(17): 17-18.

张倩, 2011. 历史文化遗产资源周边建筑环境的保护与规划设计研究[D]. 西安: 西安建筑科技大学.

张颖欢, 2018. 城镇防灾避难场所应急给排水系统探究[J]. 科学技术创新(3): 105-106.

中国冶金建设协会, 2017. 旧工业建筑再生利用技术标准(T/CMCA 4001—2017)[S]. 北京: 冶金工业出版社.

中国冶金建设协会, 2019a. 旧工业建筑再生利用规划设计标准(T/CMCA 2001—2019)[S]. 北京: 冶金工业出版社.

中国冶金建设协会, 2019b. 旧工业建筑再生利用价值评定标准(T/CMCA 3004—2019)[S]. 北京: 冶金工业出版社.

中华人民共和国住房和城乡建设部, 2012. 无障碍设计规范(GB 50763—2012)[S]. 北京: 中国建筑工业出版社.

周铁军, 熊健吾, 周一郎, 2016. 传统与新型建筑绿化技术对比研究[J]. 中国园林(10): 99-103.

后 记

土木工程再生利用是建设行业发展到一定阶段后的必然产物，是满足当前可持续发展方向与生态文明建设理念下的必然趋势。随着社会的发展和经济的增长，大量具有时代特色或者历史记忆的老旧建筑、车站码头、道路桥梁等已不能满足当前生活生产的需要，再生利用成为处理这些问题的有效途径。因此，土木工程再生利用必然会成为热门的学科方向。

课题组自 2001 年起开始进行旧工业建筑再生利用研究，逐步延伸到老旧建筑再生利用研究，后又拓展到土木工程再生利用研究，取得了丰富的研究成果。虽然目前土木工程再生利用发展迅速，但是存在的各种问题仍较多，关于再生利用方面的图书较多，但大多不成系统，因此亟须一套完善、系统的图书以供教学和培训使用。

本书在编写过程中凝聚了西安建筑科技大学、北京建筑大学等多所高校和企业中各位专家和学者的心血与汗水，感谢每一位合作者的辛苦付出！此外，本书在编写过程中也参考了许多专家和学者的有关研究成果及文献资料，在此一并向他们表示衷心的感谢！对于书中涉及的资料权益人，可联系本书作者详讨稿费事宜。邮箱：zslyktz2002@126.com。

城市更新之路，我们携手同行！

作 者

2022 年 2 月